宝石款式设计与加工工艺

吕新彪　编著

中国地质大学出版社

内容简介

本书重点论述了宝石性质、宝石款式与设计、宝石加工原理和方法；较详细地介绍了几种常用宝石款式的加工工艺、设备及工艺材料；简介了常用的宝石加工机械设备、常用工艺材料和常见宝石的款式设计要领、加工步骤及注意事项。书后附有79种常见宝石矿物加工一览表和16种宝石款式详细加工图解。

该书可作为宝石专业和宝石技术培训教材，亦可供从事珠宝鉴定、加工和贸易的珠宝界同行参考。

图书在版编目(CIP)数据

宝石款式设计与加工工艺/吕新彪编著．—武汉：中国地质大学出版社，1994.3
(2020.5重印)
ISBN 978-7-5625-0870-0

Ⅰ.宝…
Ⅱ.吕…
Ⅲ.①宝石—设计②宝石—加工
Ⅳ.TS933.3

中国版本图书馆CIP数据核字(2008)第034194号

宝石款式设计与加工工艺　　吕新彪　编　著

责任编辑：张华瑛　　责任校对：熊华珍

出版发行：中国地质大学出版社(武汉市洪山区鲁磨路388号)　　邮编：430074
电话：(027)67883511　传真：67883580　　E-mail：cbb@cug.edu.cn
经　销：全国新华书店　　http://www.cugp.cn

开本：787毫米×1092毫米　1/16　　字数：210千字　印张：8.25　附图8
版次：1994年3月第1版　　印次：2020年5月第16次印刷
印刷：荆州市鸿盛印务有限公司　　印数：33501—35000册

ISBN 978-7-5625-0870-0　　定价：25.00元

目　录

绪　　言

改革开放以来，我国的宝石加工业发展非常迅速。尽管10年中也曾经历过几次波折，但总的发展势头呈上升趋势。为了提高我国宝石加工工艺技术水平，使产品更适合于市场需求。学习国外的先进加工工艺和技术，探索适合于中国国情的宝石加工之路是十分必要的。

一、宝石加工工艺学的性质和研究内容

宝石加工工艺学是一门技术学科，它主要是研究如何采用各种技术手段和工艺措施去改造宝石原材料的形状、大小、面角比例和对称关系及表面质量，多、快、好、省地生产出造型（款式）新颖美观、颜色鲜艳、晶莹无瑕、工艺精湛的首饰工艺品，以满足日益增长的人民群众精神生活的需要。

宝石加工工艺学的研究对象是宝石材料、加工工艺技术、加工设备和工艺材料。其中以宝石材料和工艺技术最为重要。这里所说的宝石材料，是指广义概念的宝石，即包括天然宝石、玉石、合成宝石和有机宝石等。加工工艺技术包括玉雕工艺技术、钻石加工工艺、有色宝石加工工艺、珍珠加工工艺和宝石人工改善及宝石的合成工艺。不同的工艺技术有不同的特点和规律，所用加工设备和工艺材料也各不相同。当然，各类工艺技术也有相同的技术属性和规律，在许多情况下可以实现“一技多用”和“一机多用”。

宝石加工工艺学研究的内容主要有2个：①宝石材料的性质和加工的物理技术性能；②宝石加工的基本原理、基本方法和工艺流程。从宝石加工的角度来看，宝石材料的性质包括物理性质和化学性质，而宝石的加工物理技术性能是指宝石在加工过程中所表现出的一些特性，如可切削性、可磨削性、易抛光性和难抛光性等，它们实际上是宝石物理性质、化学性质和物理化学性质的综合表现。研究和掌握宝石材料的性质是对宝石实施加工的前提，只有准确地了解和掌握某种宝石的材料性质和技术性能，我们才能对该宝石材料进行正确的选择分级、合理地进行款式设计和工艺流程设计。另一方面，宝石加工工艺流程的确定以及加工设备、工艺材料的选择，都需要有一定的加工理论根据，尤其是在进一步改进工艺、提高工艺技术水平的过程中，深入研究加工的基本原理，查明各种工艺参数之间的关系和变化规律，是十分必要的。

宝石加工工艺学是在劳动人民长期生产实践经验中发展起来的，因而有很强的实践性。学习和研究宝石加工，必须结合实际生产和试验。通过不断的实践和经验总结，领会工艺技术实质，提高技术水平。在学习中，大胆创新，勇于借鉴其他类似技术学科的技术方法，对于促进加工工艺学的发展也十分有益。

宝石加工工艺学发展至今，已初步形成了一套理论和方法体系，尽管目前还不成熟，但随着宝石加工业的蓬勃发展和研究程度的提高，宝石加工工艺学会逐步充实完善起来。当然，这需要我们付出辛勤的劳动。

二、我国宝石加工业发展简史和未来发展趋势

我国宝石工艺品加工历史悠久，早在一万多年前的新石器时代早期，我们的祖先就会用石质工具打磨出一些简单的装饰品。河南新郑裴李岗文化、浙江河姆渡文化都出土了不少玉质饰品，如松石珠、佩玉璜、玦、珠等，这些饰物是迄今发现的最古老的宝石制品了，距今约有七八千年的历史。在原始社会的几千年中，原始玉器文化在黄河、长江、辽河和黑龙江流域产生并发展起来。从目前出土的玉器来看，原始社会的玉器生产已从石器制造业中分离出来，有了专门的生产技工和琢磨工具，并且已有了切割、打磨、穿孔等工艺雏形。所用的宝玉石材料包括软玉、岫玉、水晶、松石、萤石、玛瑙等，原始社会玉器文化的出现，揭示了原始社会的社会生产力水平、文化、宗教意识、伦理道德和风俗习惯等。到原始社会末期，宝玉石制品逐渐成为权力地位、神灵、伦理观念和财富的象征。

奴隶制社会是玉器文化大发展的时期，尤其是青铜器及较晚出现的铁器，使宝玉石加工中的切、磨和穿孔等工艺水平迅速提高，琢磨工具和方法也日臻完善，不仅能加工软质宝玉石，也能加工某些硬质宝玉石。据考证，奴隶社会早期，古人就已知道用磨削的方法切割和打磨宝玉石，当时使用的磨料有黄砂（硅质类）、红砂（石榴石类）、黑砂（刚玉类）和抛光用红粉（氧化铁），这些磨料在今天的宝玉石加工中有时也还用到。

封建社会是玉器造型艺术全面发展的时期。玉器和玉件虽然仍然是宫廷的专宠物，但民间宝玉石制品也开始发展起来，从人物、动物、花鸟、器皿到各种宝玉石首饰，无所不有。这一时期的宝玉石制品无论是从选材、工艺技术，还是造型艺术，都达到了极高的水平，尤其是清朝宝玉石制品，达到了登峰造极的水准。当时所用宝石材料几乎与现在的相同，不过玉石所占比重比较大。乾隆年间制成的“大禹治水图”，“会山九老图”等玉山，是清代玉器最高成就的代表之作。

新中国成立后，中国宝玉石加工业得到了党和政府大力的扶持，相继在北京、扬州、上海、天津、广州、河南、东北等地成立了玉器美术工艺品厂，使宝玉石制品生产上了一个新台阶，为中国的玉器和宝玉石首饰行销国际市场，打下了基础。特别是中国的玉器已被世界公认为独一无二的“东方瑰宝”。

当然也应该看到，由于我国历史、传统文化、资源地理以及科学技术水平等方面的原因，我国在高档天然宝石，如钻石、红宝石、蓝宝石以及一些矿物晶体的加工工艺方面比较落后，与西方发达国家相比，差距很大。80年代初以来，改革开放的大潮推动了我国宝石加工业的发展，尤其是首饰用天然宝石的加工业异军突起，短短10年功夫，在我国沿海开放城市和许多大、中城市，先后出现了上千家宝石加工企业和宝石公司，各种款式宝石饰品纷纷投入市场，销售十分红火。到目前为止，在广州、北京、南阳、郑州、上海、深圳、福州等城市已多次举办过大型宝玉石产品展销会。不过，我们也应看到，我国宝石加工业虽然发展很快，但仍然面临着许多问题和困难，比较突出的有：①宝石加工工艺落后，技术水平较低，手工操作占80%以上的比例；②技术人才和管理人才奇缺，从业人员的技术素质不高；③资金短缺，市场管理混乱，国家没有相应的法规条例；④加工设备和工艺材料落后，品种单一；⑤宝玉石原料供应不足，需进一步寻找新的宝玉石矿床。解决上述问题和困难的主要途径之一，就是加强宝玉石加工工艺学研究，加快培养各种层次的技术人员和生产管理人员，研制高精度、自动化程度高的加工设备，试验新的工艺材料。另外，大力引进、消化吸收国外的先进技术也是必不可少的措施。只要我们艰苦努力、刻意求新、大胆实践，一定能把我国的宝石加工

业搞上去。

进入 90 年代后，为了尽快赶上世界宝石加工业发展的步伐，我们必须了解当前及未来国际宝石加工业的发展趋势。这些趋势有以下几个方面：

①高档宝石如钻石、翡翠、红宝石、蓝宝石、祖母绿等的加工和销售仍在持续增长，势头不减，它们在宝石首饰中仍占主导地位。与此同时，许多中档优质大粒彩色宝石越来越受到人们的喜爱，其需求量增加很快，高于高档宝石的增长速度。如蓝色黄玉、碧玺、海蓝宝石、紫晶、橄榄石等宝石、K 金首饰以其炫丽多彩、晶莹剔透而成为收入不高的市民们主要购买对象；

②新品种的宝石原料不断出现，打破了传统宝石品种一统天下的局面，如扎瓦石、坦桑石、香花石等新的宝石材料在市场上已可见到；

③合成的人造宝石大量上市，已在宝石市场上占有一席之地。由于人造宝石质地优良，块大，色彩鲜艳多样，价格低廉，因而越来越多地用于制作首饰，成为市场上款式变化最快的抢手货；

④由于新技术、新工艺的运用，宝石的人工优化技术越来越完善，使一些质次的天然宝石变成了优质的高档材料，提高了宝石的价值。因此，宝石的人工优化已成为各国宝石加工业中的一个重要方向；

⑤宝石新款式不断涌现，如 80 年代后期，国外一些宝石工艺大师针对异形钻石和色泽不好的钻石，而开发出"百日草"、"大丽花"、"金盏花"、"向日葵"和"火玫瑰"等款式。另外，异型刻槽翻面宝石款式也逐渐兴起，这种新款式不仅使宝石造型艺术有了新变化，而且由于采用了新的琢磨工艺，使宝石产生了一些独具魅力的衍射分光效应，从而更增添了宝石的风彩；

⑥出现了一些新的切磨方法，如激光切割与穿孔。德国宝石艺人 Bernd Munsteiner 最近发明了一种"反切磨法"，他用此加工方法制做了一些非常奇特的宝石；

⑦宝石加工机械向自动化、综合化方向发展。

面对迅速发展的世界宝石加工业，我们应该认清自己的差距，立足高起点，紧跟国际发展潮流，争取在不久的将来使我国成为宝石加工业发达的国家。

在编写本书的过程中，曾得到赵新民、赵永魁高工，王槐春、白士魁教授，周汉利副教授等许多老师的大力支持和帮助，为作者提供了部分资料。初稿完成后，承蒙潘兆鲁、高广立、夏卫华和郭宝罗教授审阅了全稿，并写了评审意见和推荐信。同时，得到中国地质大学（武汉）矿产系领导的大力支持和帮助，书中图件均由潘莉同志清绘。在此向以上各位老师和领导表示衷心感谢。

由于水平有限、经验不足，书中难免存在错漏和不妥之处，敬请各位读者批评指正。

第一章 宝石材料

第一节 宝石的基本概念及分类

一、宝石的概念

宝石（Gems 或 Gemstone）是指符合工艺要求的天然矿物单晶体，如锆石、红宝石、蓝宝石、祖母绿等，只有少数的天然矿物集合体，因其珍贵的品质也被列为宝石。目前，也有学者认为这仅是宝石的狭义概念，其广义概念是指所有可用于工艺美术方面的矿物和岩石。其范围除包括狭义宝石外，还包括玉石、砚石和人造宝石、仿造宝石在内，国外珠宝界的看法主要是指宝石的狭义概念。

二、宝石的特性

宝石的特性是判别宝石级别高低、价值大小的重要标志，这种特性主要包括美观性、耐久性和稀少性。

1. 美观性

美观性是指美丽、好看。宝石的美观是天然丽质，颜色鲜艳，质地纯净，令人赏心悦目，爱不释手。琢磨之精工和镶嵌款式之新颖可使宝石大放异彩，身价倍增。所以宝石之美应包括其外观之美和潜在之美。外观美自不待言，而内在之美只有通过精工细琢，才能使其显示出来。因而宝石加工的本质就是想办法充分展示出宝石的美，从而提高其艺术价值和商品价值。

2. 耐久性

宝石的耐久性是指宝石使用和保存的时间长短而言。因为大多数宝石用于人们的首饰，因而易受摩擦、震动、碰撞、光照和各种化学物质的侵蚀。一个具有良好耐久性的宝石，需具有稳定的化学性质和较高的硬度，大多数名贵宝石的化学性质都相当稳定，摩氏硬度都在 7 以上，例如钻石、翡翠和红宝石等。少数如欧泊、珍珠等的耐久性要差些。宝石的耐久性好坏直接影响宝石的加工难易程度和商品价值的大小。

3. 稀少性

宝石的稀少性是决定宝石价值大小的一个十分重要的因素，“物以稀为贵”，这是人们的普遍心理。一般来说，宝石产出越少，需求越大，其价钱就越高。反之，有的宝石的需求量不小，但由于产地多、产量大而价格较低，如黄玉、水晶等就是如此。宝石销售活动中，许多人青睐于天然宝石，而不愿买人造宝石。若从美观和耐久性而论，后者并不逊色于前者，人们之所以青睐天然宝石，其中一个重要原因就是天然宝石具稀少罕见的特性，它不仅美观耐久，而且有收藏价值和保值性。

三、宝石材料的分类

宝石材料分类方案很多，不同学者从不同角度对宝石进行分类，其分类依据往往不同 在宝石学研究中，宝石的定义和分类目前仍未统一定论。不过，国内学者的分类基本趋于一致，即根据宝石的基本性质、成分和产出状态以及成因分为四大类：

- 宝石（广义）
  - 天然宝石（狭义）
    - 主要宝石
    - 其他宝石
  - 玉　　石（彩石）
    - 主要玉石
    - 其他玉石
  - 合成宝石
    - 人造宝石
    - 仿造宝石
  - 有机宝石

四大类统称为广义宝石，而狭义的宝石概念仅指天然宝石。除了上面的分类方案外，还有许多其他方案，如从商业和消费方面可将宝石分为高档、中档、低档三大类；在宝石加工工艺学研究中，为了方便了解宝石的工艺条件和宝石加工工艺的选择，有时把宝石材料作简单分类：

（1）根据宝石材料的硬度相对大小将其分为：

高硬宝石　（10）如钻石；

硬宝石　（9—9.5）如红宝石、蓝宝石；

中硬宝石　（6—8.5）如绿柱石、石榴石、橄榄石、水晶、碧玺和黄玉等；

中软宝石　（3—6）如松石、孔雀石、欧泊、珍珠等；

软宝石　（<3）如琥珀。

（2）据宝石在加工中的稳定程度（机械稳定性、化学稳定性和热稳定性）大小将其分为：

稳定宝石　如钻石、红宝石、蓝宝石、水晶、硬玉、电气石、石榴石等。

基本稳定宝石　祖母绿、橄榄石、透辉石和绿柱石等。

不稳定宝石　绿松石、欧泊、孔雀石等。

第二节　宝石的物理性质

宝石作为特殊矿物，都具有一定的物理性质，不同宝石，其物理性质有一定差异，而引起这种差异的原因是不同宝石的化学成分和晶体结构不同。了解宝石的物理性质，对于了解宝石的工艺性能有很大意义。在宝石的加工过程中，必须针对其物理性质来进行，例如，对于不同硬度的宝石，所采用的切割工具和磨料、磨具都有所不同，加工的方法有时也不一样。对于化学性质活泼、易受酸碱浸蚀的宝石，应尽量避免在加工中使用酸碱溶液。由此可见，了解宝石的物理性质是进行宝石加工的先决条件。

一、光学性质

1. 颜色

宝石大多具有美丽的颜色。在一般情况下，宝石颜色是固有的和不变的。当然，由于颜色是人眼睛对可见光波的一种感觉结果，因此，宝石颜色既取决于宝石本身的化学成分或晶体结构，又取决于借助观察的光源。一般我们以日光作为标准光源（七色全光）。七种基本色为红、橙、黄、绿、蓝、青、紫（见图 1-1）。有关光的吸收、反射和透射原理及与颜色之间的关系在许多矿物学和宝石学专著中都有详细论述，这里不再累述。

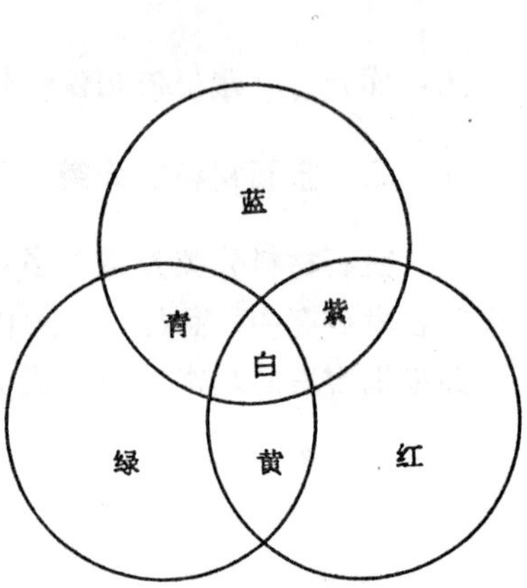

图 1-1　三原色及七彩色合成

在宝石加工中，宝石颜色具几个比较重要的性质：

（1）色彩　指颜色的种类，它包括黑、白、灰色以外的所有颜色，如红、蓝、绿等，通常人的眼睛能分辨出 128 种左右不同的色彩，从红到紫。

（2）色饱和度（色度）　指色彩的浓淡（深浅）程度，通

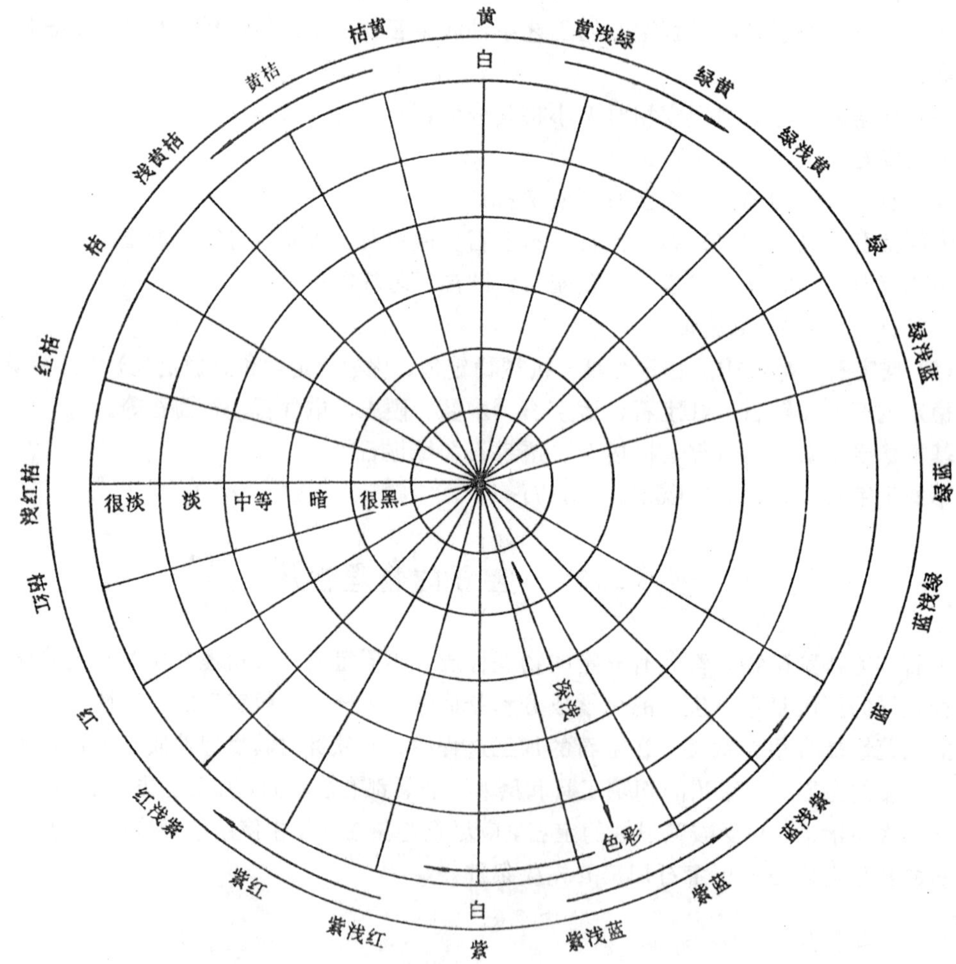

图 1-2　色轮

常用色彩光与白光的比例来定量表示，也即色彩与白色（或灰色、黑色）混合比例来表示（见图 1-2）。

（3）色耀度　指色彩的明亮程度，它是从宝石进入视觉的所有色彩光的强度总和，包括透射光、表面反射光和内反射光。色耀度的大小与宝石本身的折光率和光泽、宝石的款式和加工精度等有关。

（4）色调　指色的偏向，即混合色彩中的副色彩，如紫红色中的紫色，黄绿色中的黄色等。

（5）色形　指颜色性质的分布形态，如环带状、条带状、过渡状、丝线状等。刚玉类和电气石的色形比较常见。

宝石的色彩是决定宝石价值大小的重要指标之一，因此，在宝石设计和琢磨中，要求尽可能地把宝石最美最时兴的色彩表现出来，并使其色饱和度和色耀度达到最佳状态。好的宝石一般色调纯正、色彩鲜艳明快，这在一定程度上可以通过加工改变宝石形态、尺寸、厚薄等来实现。另外，宝石的颜色性质也可以通过一些改色工艺来改变。

对于大多数宝石来讲，色形是没法改变的，特别是对刻面型宝石，要求色彩均匀，只有在极少情况下，奇异的色形能使宝石更添光彩和魅力。对不透明宝石，色形的要求不那么重要，如翡翠、绿松石等。当然，加工中考虑颜色性质的影响是必要的，但不能单纯考虑颜色，应该结合宝石其他性质的综合研究，这将在后面的宝石设计中论及。

2. 透明度

宝石的透明度是指宝石透过可见光波的能力。宝石的透明度决定于宝石矿物的化学成分和内部结构，如具有金属键的宝石矿物（如闪锌矿、黄铁矿），由于含有大量的自由电子，对光波的吸收较多，因而透过的光就少，透明度很低；反之一些离子键或共价键的矿物（如金刚石、绿柱石、红宝石等），由于不存在自由电子，可透过大量的光，透明度就高。

宝石的透明度与宝石的大小和厚度有一定关系。宝石粒大、厚度大者，光波在其中经历的路程就长，因而被吸收的量就多，最终透过宝石的光波量就少，透明度自然就降低。

同一种宝石的透明度，常因宝石中的晶体缺陷、瑕疵、裂隙和晶体产出形式（指是单晶体还是集合体形态）的不同而产生差异。宝石中晶体缺陷、瑕疵、裂隙多者，其透明度就低，同样，宝石呈细晶集合体者，光线进入时不能有很大的直线进程，必须经受方向不同的多次折射，因此光线易分散，此种细粒集合体，肉眼观察就不大透明，如玛瑙、翡翠、珍珠等。

另外，光源对透明度也有影响，强光照射时宝石透明度会增大，而弱光照射，透明度减弱。不同光源照射宝石时，透明度也有一定差异。一般我们采用日光作为分辨宝石透明度的标准光源。

宝石的透明度可大致分为四种：

（1）透明　在一般厚度下（指宝石成品而言），可允许绝大部分可见光透过，能完全清晰地透视其他物体，如钻石、锆石、水晶等。

（2）半透明　在一般厚度下，允许部分可见光透过，只能模糊地透视其他物体的轮廓，如琥珀和贵重的月光石等。

（3）微透明　在一般厚度下，只允许极少量可见光透过，但透过其看不到其他物体影像，如翡翠、软玉等。

（4）不透明　基本不允许光透过，如天河石、青金石等。

宝石透明度虽然有上述四种划分，但四者之间并无明显界线，只是大致划分。许多宝石由于颜色、瑕疵等的影响，其透明度可从透明—不透明。

宝石透明度在宝石款式设计中具有重要的意义，如透明宝石一般设计为刻面型宝石，而微透明宝石和不透明宝石则多用作凸面型宝石。

另外，利用透明度与宝石形态、大小、厚度影响的关系，可以在设计加工中通过改变宝石的形态，大小和厚度等来增加透明度。

3. 光泽

宝石光泽是指宝石表面反射光的能力。对某一种宝石，所能表现的光泽是一定的。从物理光学可知，宝石光泽的强弱取决于宝石对可见光的吸收，吸收愈大则反射愈强，光泽愈强；反之则弱。宝石矿物的折射率（N）和反射率（R）及吸收系数（k）之间有下列关系：

$$R=\frac{(N-1)^2+k^2}{(N+1)^2+k^2}$$

宝石的光泽分级，一般可分为金属光泽、半金属光泽、金刚光泽和玻璃光泽。这四级光泽的强度依次由强→弱，没有明确的界线。矿物学中根据折光率和反射率来划分光泽：

金属光泽　$N>3$ 或 <1；$R=20\%—95\%$ 如黄铁矿和白铁矿。

半金属光泽　$N=2.6—3.0$，$R=8\%—20\%$ 如赤铁矿、闪锌矿等。

金刚光泽　$N=1.9—2.6$，$R=10\%—29\%$ 如金刚石、尖晶石等。

玻璃光泽　$N=1.3—1.9$，$R=2\%—10\%$ 如祖母绿和水晶等。

在打磨光亮的宝石上，最重要的光泽是玻璃光泽和金刚光泽，对于绝大多数单晶体宝石矿物，在打磨成同样的理想平面后（10倍放大镜下看无擦痕、坑点），其光泽基本都呈这两种光泽。这是因为此时光泽仅与折光率有关。但实际上，绝对理想的平面是难以达到的，同时，不同宝石的硬度（抗压强度和抗剪强度等）不同，故很难打磨成同样的平面，因而其光泽比它的折射率所应达到的或者高或者低，如黄玉与铁铝榴石有优良的抛光性质，其光泽也高于应有的光泽；合成金刚石、橄榄石和锆石的光泽很高，但在实际打磨中却难以达到。

在一些打磨不很光洁平整的单晶体宝石中，常可见到特殊的光泽，在宝石原石的晶面、断口面上，也同样可以出现特殊光泽。另外，在以集合体形成出现的宝石也有特殊光泽。所有上面这些情况都是由于宝石表面使光发生多次折射和反射而增加了散射的光量，从而影响了反射出来的光量，造成特殊光泽。常见的特殊光泽有：

油脂光泽　如打磨不光的水晶、石榴石等。

丝绢光泽　如虎睛石，是一种硅质石棉集合体。

珍珠光泽　如外观完好的珍珠，粗糙的月光石也有珍珠光泽。

由此可见，宝石实际的光泽，除与折光率有关外，还与宝石的打磨平面程度和晶体形态有关。我们把宝石面抛光后的明亮程度称为亮度。在宝石琢磨时，一般要求宝石的亮度尽可能的高，亮度高的宝石耀眼夺目，令人喜爱，也是宝石之美的一个方面。亮度的大小与宝石光泽、抛光面的光洁程度有密切关系，在同等抛光条件下，光泽越强，亮度也越高，反之，光泽越弱，亮度也越低；而相同光泽强度的宝石，抛光后的光洁程度越高，亮度也越高，反之亦然。对于刻面型宝石，其亮度还与琢磨的琢型和切面角度有关，许多宝石的面切得使光由顶面进入，经底部的斜面反射（全反射），再射出顶面，这样就增强了顶面的反射光，使宝石亮度增高。由此可见，亮度是宝石光泽强弱和琢磨工艺好坏的综合表现。据此，可将亮度分为四种：

（1）灿光　亮度最强，如同镜面，大多数金属光泽的宝石和部分金刚光泽的宝石抛光后可呈此亮度。如琢磨抛光好的钻石就有灿光，故钻石又称为灿光宝石。

（2）辉光　亮度强，有耀眼的光辉，反射物相的界面一般地说比较清晰，部分硬度较高的珍贵宝石能抛光成亮度较强的辉光。如红宝石、蓝宝石和绿宝石等。

（3）闪光　具有一般玻璃的亮度，反射物相较弱。如翡翠。

（4）微光　亮度较弱，反射物相不完全。如玛瑙、玉髓等，有较柔和的光亮平面。

4. 多色性

由矿物的晶体光学可知，宝石的多色性是宝石双折射所产生的一种光学现象，它仅出现于非均质宝石矿物之中，均质宝石中不产生多色性。单光轴宝石光轴方向呈单色，而其他方向有二色性，但总的不会多于 2 种颜色，如绿柱石。双光轴宝石的 2 个光轴方向也呈单色，其他方向有二色性，但总的颜色不会多于 3 种。在某些宝石中，不同方向颜色并无明显差别，而有些宝石不同方向色彩明显不同，前者如水晶等，后者如碧玺、蓝宝石等。宝石的多色性可用偏光显微镜或二色镜分出。

由于某些宝石具多色性，从不同方向观察，其颜色有微妙的变化。这样，对宝石加工来说，就有一个最佳颜色方向的选择问题，一般用二色镜来确定颜色最好的方向。

5. 色散

色散是指多色可见光（白光）分解为单色光而形成的光谱现象。宝石的色散值（分解白光能力）可用一定波长的红光和一定波长的紫光在宝石中的折光率之差来表示。一般来说，宝石的色散随宝石的折光率的增大而加强，但有少数宝石例外。所以宝石色散是宝石对不同波长光折射差异的表现。当光以临界角进入或离开宝石时，折射率大，色散也较强（图 1-3），这一点对色散较大的透明宝石的加工十分重要，例如钻石和锆石的色散较大，在加工成较理想的琢型后，可以从每个小面上闪灼出各色的火彩（俗称“出火”），这就使宝石更加璀灿夺目。当然，色散较低的宝石一般不易加工出现“出火”的现象。

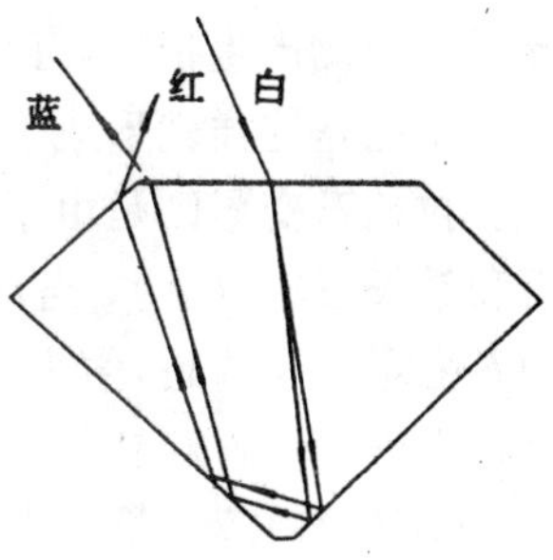

图 1-3　宝石的色散

6. 特殊光学效应

（1）反射光所产生的特殊光学效应

①“猫眼效应”(Chatoyancy)　某些透明—微透明的宝石在琢磨抛光成凸面型时，会在其弧面上出现一窄条状亮光带，有时光带细如猫眼瞳孔，若对着光带转动宝石，光带还会随之左右移动，即所谓“活光”，这种现象就是“猫眼效应”。

产生“猫眼效应”的原因主要是宝石中的纤维构造，平行微细针状矿物包裹体或平行分布的管状气液包裹体等对光线产生集中反射造成的。不过仅有平行显微构造还不能产生“猫眼”，还必须将宝石琢磨成一定琢型，一般采用凸面型宝石琢型。琢磨这种宝石，要求其长轴方向垂直于平行的显微构造，且宝石外形对称，圆顶不要太高，也不要尖锐突起，使正面观看时，能看到宝石的长直径。

目前已知可出现“猫眼效应”的宝石有 20 多种，其中以金绿宝石猫眼最为名贵，其他常见的有虎眼石、碧玺猫眼、绿柱石猫眼、方柱石猫眼、石英猫眼等。

②星光效应　星光效应实际是“猫眼效应”的特殊形式，只是平行显微构造不是单一方向，而是有两个或三个不同方向。大多数情况下，这些平行显微构造都垂直于某一晶轴分布，

沿两个方向分布者可产生4道星光，有三个方向者可产生6道星光，星光辉石宝石常见有4道星光，星光红宝石和蓝宝石就是以6道星光常见，其三个方向的相邻夹锐角为60°，为了展示出宝石的星光效应，宝石琢型多采用圆顶平底形的凸面形琢型，且要求宝石底面与各方向的平行显微构造都平行（或与宝石晶轴垂直），这样才能使星形集中于圆顶中心上。

可产生星光效应的宝石有刚玉类宝石、铁铝榴石、尖晶石、绿宝石和金绿宝石等。

③金星效应　在某些半透明宝石矿物中，由于包裹有一些成层分布的微细的片状包裹体，从宝石内反射出明亮而鲜艳的星彩，这就是金星效应，比较典型的是日光石（奥长石的一种），其内有赤铁矿细小薄片平行于双晶面排列，反射出的星彩呈金色，因而使日光石的星彩如太阳的光芒，明亮耀眼，故称日光石，也称太阳石。具有类似金星效应的还有星彩石英，其细微包裹体是绿色的铬云母片，所产生的星彩是绿色的。

（2）光的干涉和漫反射所产生的特殊光学效应

①变彩　变彩有欧泊石变彩和拉长石变彩2种。欧泊石变彩是指在一弧面欧泊宝石上，同时出现多种颜色，且多种颜色构成一小片，每一小片的颜色又随宝石的转动而变换，其中红色彩是主要的，最易见到，其次为绿色．蓝色少见。欧泊石变彩产生是光的衍射造成的。由于欧泊石由许多有规则排列(面心立方体)的透明无定形蛋白石圆形小球构成，因为在小球间有一定间隙，当此间隙大小和可见光的波长接近时，这些间隙和小球就构成了一个三维衍射光栅，由此产生衍射，而光的折射角又随波长连续变化。因此，不同方向的入射光就产生不同的颜色，这样就形成了变彩。

拉长石变彩则是由于其内部的聚片双晶结构造成的。聚片双晶由不同的长石构成（拉长石和钠长石成双晶），当双晶片厚度达到一定值时，就会产生光的干涉而出现美丽彩光。与欧泊石变彩不同的是，拉长石变彩只出现单色光，转动宝石时，会出现由黄→蓝或绿的彩光，另外，由于拉长石双晶具有一定方向性，故其变彩也有一定的方向，这也与欧泊石不同。

②晕彩效应　晕彩类似于棱镜的分光效应。由于某些宝石中存在微细裂隙，其中含有空气或水膜，而使光产生干涉而出现晕彩，如晕彩石英。但此种情况产生于任何具裂隙的透明宝石中，因而晕彩有时也可以用来判断宝石中解理裂隙的存在与否，这是宝石加工中经常运用的方法。

③珍珠光彩　珍珠常具美丽的珍珠光彩，这是由于珍珠表面由重叠（叠瓦状）着的一层层细小薄片构成，它们可以使光发生干涉和折射现象，从而形成珍珠光彩。因此对于珍珠的处理，不能损坏或侵蚀其表面的皮，否则，将失去珍珠特有的光彩。

④月光石效应　月光石效应也称乳光，当光线进入某些宝石时，由于其内部的某种微细结构引起光的散射而产生的光学效应。这种光比较柔和，犹如蛋清。在月光石中，其聚片双晶或另一种固溶体结构都可产生乳光。转动石头也可见到一种波形的蓝色或白色浮光。月光石的乳光有一定的方向性，这由其内部微细结构的方向性所决定。

具有乳光效应的宝石还有青蛋白石、刚玉、金绿玉和石英等，这些宝石的乳光则是由于其内部细小不规则的结构引起光的漫射而产生的。与月光石不同的是，它们一般没有方向性，所显乳光也比较模糊。

（3）由光的吸收和透过引起的光学效应　由于某些宝石对不同光源光线的吸收和透过方式和程度不同，从而引起宝石颜色的变化，这种现象称为色变。造成色变的原因有两个：①不同光源所发出的光线（白光）中各单色光的组成和光量不同；②宝石对不同光源的光线的吸收和透过的程度及方式不同，例如，人工白炽灯光含红色光为主要成分，而日光则以蓝绿色光为主。变石对不同光源的光线主要成分吸收量和次要成分吸收量大致相同，这样就会使主要成分透过的量较次要成分多。在白炽灯下，变石呈红色，而在日光下，变石呈绿色就是如此，另外，变石的红色越纯，绿色也越纯，其价值也就越高。其实，大多数有色宝石都有色变，只是不明显而已。具有明显色变现象的还有某些蓝宝石、绿柱石、人造尖晶石、碧玺等。

二、力学性质

1. 硬度

宝石硬度是指宝石抵抗外力机械作用的强度。硬度的大小取决于宝石的晶体结构，一般离子键和共价键的宝石矿物硬度较高，如钻石、黄玉等。而分子键和金属键的宝石矿物硬度较低。

宝石硬度的表示方法常用的有两种：

(1) 摩氏硬度法　这是一种相对硬度表示法。具体硬度分级见表：

滑　石	1	正长石	6
石　膏	2	石　英	7
方解石	3	黄　玉	8
萤　石	4	刚　玉	9
磷灰石	5	金刚石	10

(2) 维氏硬度法　它是一种压入硬度，也称绝对硬度。其测定方法是用一颗四方锥形（相对锥角间的夹角 α 为 136°）的金刚石，负载一定负荷（p），压入矿物，然后根据宝石表面的凹痕对角线长度（d），用下列公式计算出维氏硬度（H）：

$$H = 2\sin\alpha/2 \cdot \frac{p}{d}$$

用此法测得的硬度与摩氏硬度（H_0）有一简略换算关系：

$$H_0 = 0.675\ \sqrt[3]{H}$$

宝石硬度有一定的变化性，这一点对加工宝石的人来说都较重要，因为根据宝石的硬度不同，加工中所用的方法和辅料也有所不同。

(3) 宝石硬度的变化性有以下几种情况：①不同产地的同种宝石有时硬度也不同，如原生黄玉宝石就比砂矿中黄玉宝石硬度高一些。又如，加里曼丹曾产有比印度钻石硬度大得多的钻石；②同一宝石，不同方向的面，硬度也可不同，如钻石，平行于它的八面体，其硬度最大；③同一个面，不同方向的硬度也可不同，较典型的例子就是蓝晶石（二硬石），平行其结晶轴方向硬度为 4.5，而垂直方向为 6。

2. 脆性和韧性

脆性和韧性是两个与硬度有一定联系的宝石性质，有的学者把脆性称为打击硬度，韧性称为研磨硬度。这不太合适，实际上这两个性质与硬度有一定差异。脆性是指宝石在外力作用下容易破碎的性质，如钻石是最硬的宝石，但其易碎，经打击很容易沿解理裂开；韧性是相对于脆性而言的，脆性大的宝石，其韧性较差，反之亦然，二者是反消长关系，因而硬度大的宝石其韧性不一定好，碧玺硬度较大但性脆，而翡翠硬度小于碧玺，但其韧性却远大于碧玺。

搞清宝石的韧性和脆性，对于选择合适的加工方法是很重要的。一般韧性强的宝石，较难琢磨，而韧性差的宝石，较易琢磨。若把宝石的韧性进行比较，可以大致分出宝石韧性相对大小。世界上韧性最强的宝石是黑金刚石，以其韧性定为10的话，其他宝石的韧性如下：

10　黑金刚石

9　软玉

8　翡翠、红宝石、蓝宝石

7—7.5　钻石、水晶、海蓝宝石

6　橄榄石

5.5　祖母绿

5　黄宝石

3　猫眼石

2　萤石

3. *解理、裂理和裂纹*

宝石的解理、裂理和裂纹都是宝石在外力作用下发生破裂的性质，但这三种破裂的特点及决定因素却有所不同。

（1）解理　当宝石单晶体在外力作用（如打击、挤压等）下，严格沿着一定结晶方向破裂，并能裂出光滑平面的性质称为解理，这些平面称为解理面。解理的形成主要取决于晶体中面网之间距离大小和组成面网之离子的引力大小。面网间距大者，其产生解理的可能性就大，若组成相邻两面网的离子为异号离子，其吸引力较大，产生解理的可能性就小；反之，两相邻面网由同号离子组成，则同号离子相斥，就易形成解理。根据宝石在外力作用下裂成解理面的难易程度，可把解理分为：

①完全解理　打击易沿解理方向裂成平面，其解理面平滑。如黄宝石、坦桑石等。

②中等解理　打击可沿解理方向裂成平面，但解理面不甚平滑。如钻石、橄榄石。

③不完全解理　打击不易裂出解理面，且解理面不平整。如绿柱石、磷灰石等。

④无解理　打击不产生解理面。如石榴石、碧玺等。

（2）裂理　在外力作用下，宝石双晶接合面特别是聚片双晶的接合面方向破裂成平面的性质，比较容易产生裂理的宝石有刚玉类宝石和碧玺等。

（3）裂纹　宝石在外力作用下，沿任意方向破裂的性质，破裂面参差不齐，常呈贝壳状、齿状等，裂纹的破裂面也称断口，是宝石脆性的表现。一般来说，在外力作用下，完全解理宝石不出现断口，而无解理宝石多破裂为裂纹。另外，对于以细粒集合体出现的宝石，如翡翠、欧泊等，裂纹是其主要的破裂性质。

了解宝石的上述三个破裂性质，在加工宝石时很有用。如一个有丰富经验的宝石琢磨工人，可以准确找到宝石的解理方向，并可沿此方向轻易地将大块宝石原石劈为小块。在打磨中，对于解理好的宝石要特别小心，注意琢磨的方向，避免用力不当而使宝石沿 解理方向破裂，造成损失。

4. *瑕疵* (Inclusion)（*内含物*）

瑕疵是宝石中细小的破裂或解理面导致的影响宝石美观的现象，另外，各种包裹体也属瑕疵，特别是透明宝石，瑕疵的出现会大大降低宝石的价值。所以，在宝石琢磨中，应尽量设法除去或避开瑕疵，实在无法除去的，也应设法使其处于不显眼的位置。

在我国珠宝界，常把各种细小的裂纹及其显微状气液包裹体的集合体称为“绵柳”，因这些瑕疵形同绵絮状或乱丝状，有的形似蝉翼。此种现象在透明宝石中较多出现（如祖母绿、紫晶等）。至于对宝石中某些细小固体包裹体，一般称为“脏点”，这些“脏点”往往与宝石本身的颜色反差较大，破坏了宝石的内部美观。另外，许多宝石加工者把宝石原石外层不适合用作宝石的部分称为“皮”，特别是翡翠原石，其外皮的研究对于推判内部的料的质量好坏十分重要。

三、加热影响

在宝石加工过程中，常要对宝石进行加热。由于不同宝石导热性不同，有的宝石受热后，不会发生明显变化；而有的宝石则由于导热性差，常发生破碎，如石英、橄榄石、碧玺等就是如此，加热时应特别小心。对于某些含水的宝石，如欧泊、绿松石等，加热不当，可能会使其失水，从而破坏其结构。另外，加热有时会使某些宝石改变颜色，从而降低宝石的价值，如紫晶、海蓝宝石等就是如此。因此，宝石加工中需加热时，应特别注意加热方法和加热及冷却的时间、速度，以免造成不必要的损失。

第三节　化学性质

大多数宝石的化学性质都较稳定，在将其琢磨成饰用品后，一般不怕酸碱的侵蚀。但某些磷酸盐（松石）、碳酸盐（孔雀石、珊瑚、珍珠等）在强酸中易受强烈的腐蚀，特别是珍珠，即使是人体分泌出的有机酸和汗水，在长期佩带中，也会使珍珠表面发生化学反应，使珍珠层变为暗淡无光。所以在加工珍珠时，应尽量避免使用酸性或碱性溶剂或溶液。

这里还应指出的是，大多数宝石的颜色与宝石中微量元素及其含量有关，如翡翠的绿色由铬离子引起，海蓝宝石中的蓝色由铁离子引起等。这一点是宝石改色的理论基础之一。

第二章　宝石的选材和款式设计

第一节　宝石原石的选择

一、宝石的一般条件

从矿物学观点看，宝石原石或是矿物单晶体，或是矿物集合体。但不是所有矿物和矿物集合体都能被选为宝石。到目前，人们在自然界已发现的矿物多达 2 000 种以上，而能作宝石用的不过 200 多种，常见的仅二十几种。由此可见，能选作宝石的矿物种类是极少的。另外，既使某种矿物可以用作宝石，也不等于所有该种类矿物都能作宝石用，如透明无瑕的红刚玉可以作珍贵的红宝石，而那些不透明、杂质多、颜色不纯的刚玉，则不能作宝石用，最多只能作工业磨料的原料。

从使用方面而言，宝石可分为二大类：商业用宝石（首饰石）和收藏用宝石，前者均可作为后者，但后者不一定能用作前者。商业用宝石包括常见的二十几种宝石和少数不常见宝石。被选为宝石用的一般条件是：

（1）颜色艳丽、纯正，令人喜爱；

（2）透明度好，或虽透明度低，却有某种特殊的光学效应，例如，猫眼石、星光宝石等。

（3）有一定的硬度，一般不低于 5，个别有奇异现象的宝石（欧泊、珍珠等）可以有较低的硬度；

（4）光泽应为金刚光泽—玻璃光泽；

（5）有一定的热稳定性和化学稳定性；

（6）质地纯洁、无瑕疵或有微量瑕疵；

（7）有一定粒度和重量①。不同宝石，其重量下限不同，如钻石应不低于 0.25 克拉②，优质红宝石和蓝宝石应不低于 0.3 克拉；

（8）具有良好的琢磨性和可抛光性；

（9）产地相对固定，产量供应较稳定，有一定生产服务年限。

上述 9 条中若有一条严重不足者，就不能选作商业用宝石材料。

至于收藏用宝石，其选用条件十分宽松，只要收藏者喜爱的矿物或矿物集合体均可入选，因而作收藏用的宝石种类就相当广泛。

二、宝石原石的分级和档次的划分

宝石原石的分级是指质量分级，即指同种类宝石原石按质量好坏而分类。一般分为特级、

---

① 重量是宝石界的习惯用语，应为法定计量单位中的质量，而该书中宝石的质量实际上是指宝石的品质；
② 1 克拉$=2\times10^{-4}$kg

一级、二级和三级或次料等几个级别，特级料质量最好，一级次之，三级最差。也有人把同一种类宝石原石按质量好坏分为高档、中档和低档等三个档次。对于某些珍贵宝石，都有它自己的质量分级方法，如翡翠有宝石级和一般级之分；欧泊有珍贵的、一般的和较次的之分。不管哪种分级，其分级的指标基本一样，包括颜色、光泽、透明度、尺寸和重量大小、瑕疵等6个指标。宝石原石质量分级是宝石价值评估的重要尺度。

除了对同种宝石的分级外，宝石业中还常常把不同种类的宝石原石划分为高档、中档、低档等三类，这种划分的依据没有统一标准，只是商业交易中的约定俗成，一般主要考虑宝石的基本特性（美丽、耐久、罕见）、商业价值和宝石本身的质量。因此不同种类宝石原石的档次划分是比较困难的，因为受市场供需情况和不同国家（民族）的消费心理的影响较大。表2-1给出了宝石原石档次的基本特点，仅供参考。实际上，既使是高档宝石原石，也有质量高低之分，其价格往往相差极大。

表 2-1 宝石原石的档次及其特点

档次	颜色	硬度	重量下限	产出量	需求量	琢磨难易程度	价格	举例
高档	钻石为无色，其他宝石颜色纯正、浓艳	>7.5	0.3～0.6克拉	极少	大	难	高	钻石、红宝石，蓝宝石、翡翠、祖母绿
中档	颜色艳丽	5～8	3～5克拉以上	较多	大	较易	中等	海蓝宝石、黄玉、橄榄石、碧玺
低档	从无色到各种颜色	3～6	一般不小于10克拉	多	一般	容易	低	玛瑙、水晶、孔雀石、松石、月光石等

目前，对高档宝石原石的质量分级做得比较多，如钻石的质量分级。而对中、低档宝石质量的分级研究较少，主要是因为影响因素太多，不容易划分。实际上对宝石质量进行分级，对于宝石的造型设计、加工方法和加工精度的确定十分重要。合理的质量分级不仅可使物尽其用，而且可以减少盲目加工而造成的浪费和损失。一块高档宝石料，若不慎当中档料处理，就会造成很大的损失，而把一块中档料当高档料来处理，就可能浪费工时，提高成本，得不偿失。因此凡从事宝石加工的人员和交易的商人，都应具备判别宝石原石档次和质量级别的能力。

当然，由于目前还没有宝石原石质量分级和档次划分的统一标准，只能在生产和销售实践中逐步学习和掌握大致的划分原则。

第二节 宝石的款式

宝石款式就是指宝石的造型，它是宝石原石经琢磨后所呈现的式样，也称为琢型或切工（型）。在宝石首饰石中，常见的宝石琢型可分为四大类：凸面型、刻面型、珠型和异型。

1. 凸面型

凸面型又称弧面型或素身型（俗称腰圆）。其特点是观赏面为一凸面（弧面）。根据凸面型宝石的腰形（腰部的外部形状），可将凸面型琢型进一步分为圆形、椭圆形、橄榄形、心形、矩形、方形、垫形、十字形、垂体形等（见图2-1）。若根据凸面型宝石的截面形状，可将凸面型琢型分为以下五类：

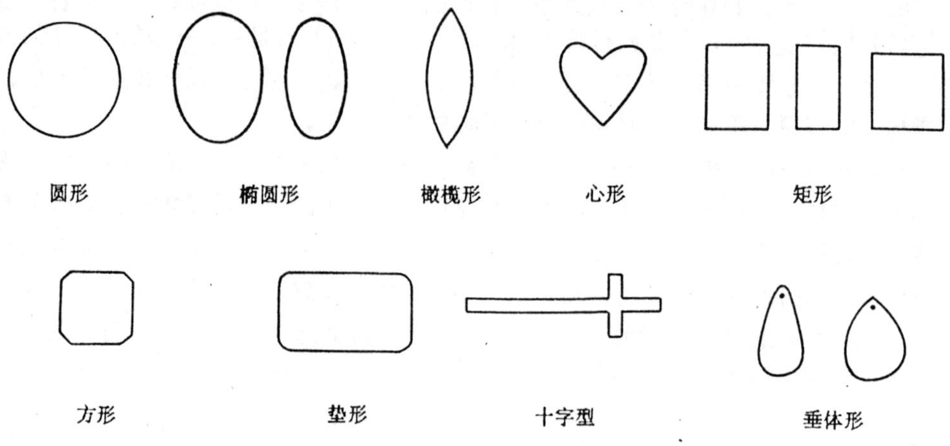

图 2-1　凸面型宝石的腰形

(1) 单凸面琢型　琢型顶部呈外凸的弧面，底部为平面（见图 2-2a）；

(2) 扁豆凸面琢型　该琢型上下凸面弧度一样，高度都比较低，呈扁豆状。欧泊石有时采用此琢型（见图 2-2b）。

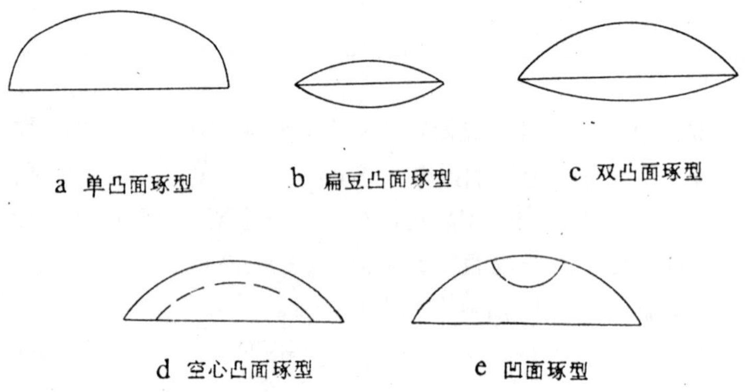

图 2-2　凸面型宝石的常见琢型

(3) 双凸面琢型　这种琢型的特征与扁豆凸面琢型相似，但其上凸面比下凸面高（见图 2-2c）。星光宝石、猫眼石、月光石多用此琢型。

(4) 空心凸面琢型　该琢型是在单凸面琢型的基础上，从底部向上挖一凹面空心（见图 2-2d）。此琢型多用于色深、透明度低的宝石，经挖洞后，使其顶部变薄，以增加透明度，颜色也变得鲜亮些。如翡翠就常用此琢型。

(5) 凹面琢型　此琢型亦常用于组合宝石，其基本形状与单凸面琢型一样，只是在顶部凸面上又向下挖了一个凹面，目的是为了在凹面中再镶上一颗较贵重的宝石，如星光宝石或猫眼石等（图 2-2e）。

2. 刻面型

刻面型又称棱面型和翻光面型，其基本特点是宝石造型由许多小翻面按一定规则排列组合构成，呈规则对称的几何多面体。刻面型琢型的种类很多，据统计达数百种之多。常见的也有二十多种。这些琢型根据其形状特点和小面组合方式的不同，可分为四大类：

（1）钻石式（Brilliant Cut）　钻石式琢型是目前运用最多的琢型。它起源于钻石晶体形状，也主要用于钻石的造型，不过其他彩色透明宝石也多用此琢型，如紫晶、海蓝宝石、橄榄石、紫牙乌、黄玉等。

为了更好地理解钻石式琢型的设计思想，有必要回顾一下钻石式的发展简史。

钻石式的前身是尖角式（The point Cut）和桌式（The Table Cut）。尖角式盛行于中世纪的欧洲大陆，它是利用钻石本身的八面体磨光而成，磨削量很少。桌式琢型出现于16世纪初，一直沿用到17世纪中。该琢型是在尖角式基础上切去一顶角，成一四方台面，有时底部也切角成一小底面（图2-3）。尖角式和桌式只能适用于晶形较为完整的钻石八面体单晶，对晶形不完整或聚形晶则无能为力。这由当时的生产力水平和科技水平所决定，还不能对钻石进行较大量的琢磨。

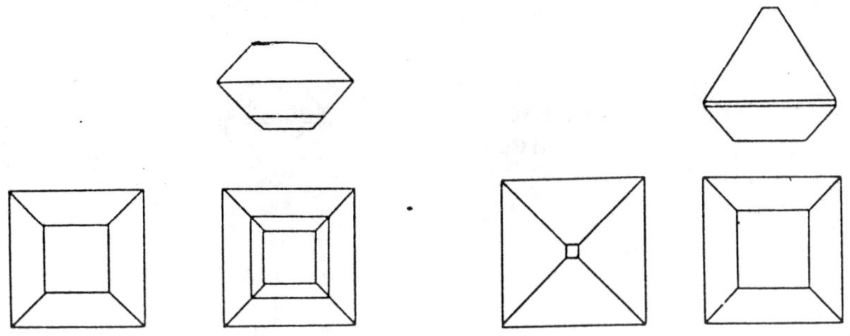

图2-3　桌式琢型（Table Cut）

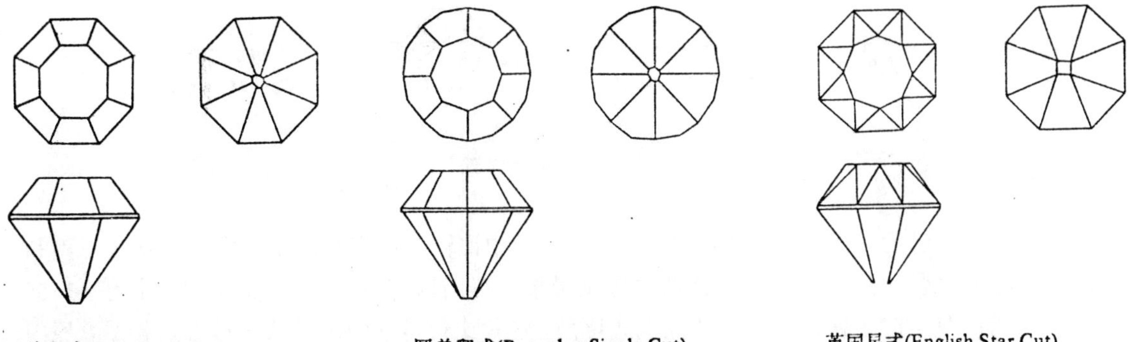

图2-4　单翻钻式琢型

早期钻石式出现于17世纪中叶，开始是单翻式琢型（图2-4）。这是近代圆钻式琢型的雏形。随后在17世纪末出现了方钻式（古垫式）琢型（图2-5），其特点是腰形酷似古代椅子的方垫，在翻光面的数量和排列构成上开始多样化，比较典型的是老矿工式琢型和巴西式琢型。此类琢型在18世纪达到盛期，当时风行于巴西、威尼斯、阿姆斯特丹、安特卫普和英国伦敦等钻石加工和贸易中心。在那里，大量早期的尖角式和桌式钻石被重新琢磨成方钻式琢型。

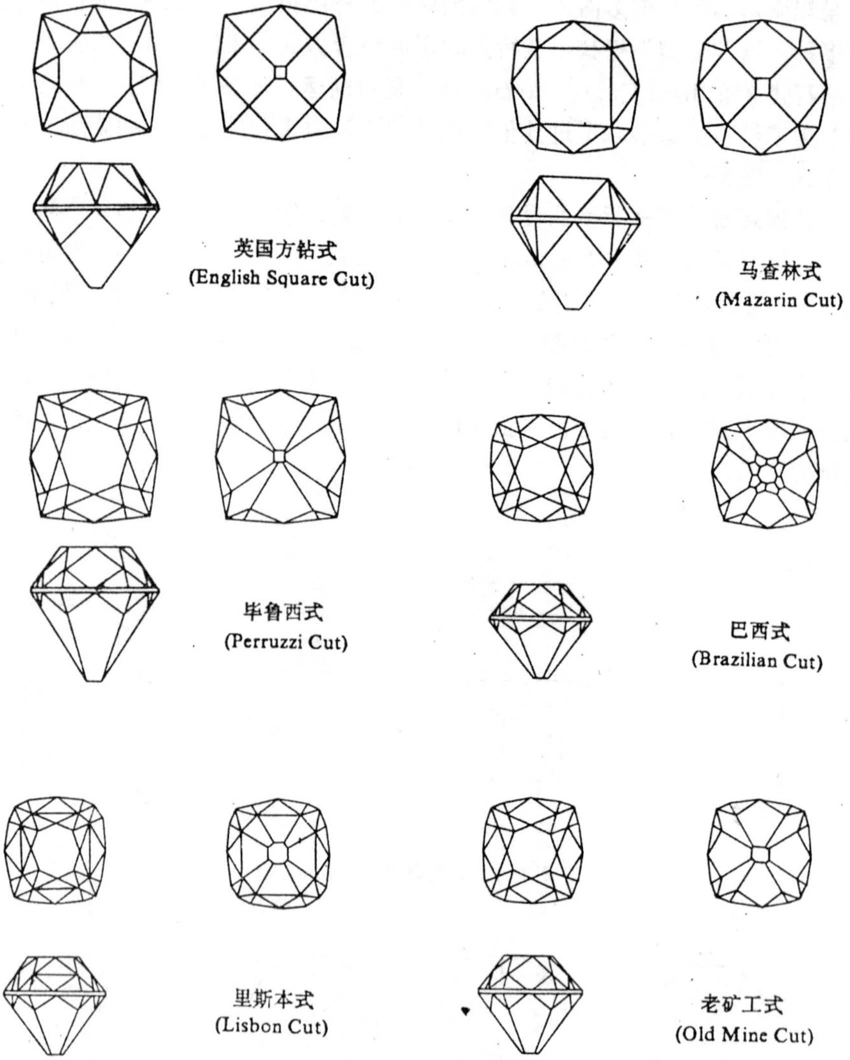

图 2-5　方钻式琢型

18 世纪中叶后，近代圆钻式琢型相继诞生。其中比较有代表性的是老欧洲圆钻式琢型和英国圆钻式琢型（图 2-6）。英国圆钻式琢型最早由英国珠宝商戴维·杰弗逊设计的（1750 年）。可惜的是当时正盛行方钻式和玫瑰式琢型，这种比较科学的圆钻式未被普遍接受，原因主要是圆钻式相对于方钻式和玫瑰式，在琢磨中损失的重量较大，当时人们尚未认识到钻石"火彩"和"灿光"的美学价值，只一味追求保存最大重量。直到 19 世纪中叶，近代圆钻式琢型才开始流行起来。近代圆钻式琢型与方钻式相比，其亭部底小面变小，台面到底小面的高度也略为减小，从而使钻石的亮度增强，"火彩"也增加。

现代圆钻式琢型始于本世纪初，由马歇尔·托尔科夫斯基首创。他在 1914 年根据光学原理，经过计算提出，通过减小圆钻式琢型的冠角和亭角，可以增强亮度（实现"灿光"）。在他以前的各种琢型设计中，冠角和亭角基本上是根据钻石原石八面晶体的晶面夹角确定的。马

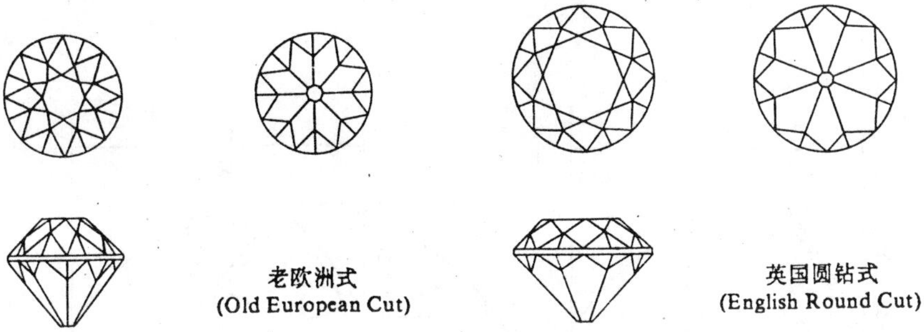

图 2-6 近代圆钻式琢型

歇尔·托尔科夫斯基设计的早期现代圆钻式琢型在美国被广泛采用，因此被称为美国理想式琢型(图2-7)。图2-8中所示的琢型都是在马歇尔的圆钻式琢型的基础上变来的，一般仅在翻面比例、台面宽度和高度方面进行改进。如詹森等人设计的琢型（1926），其冠角和冠高都比较大（图2-8b），虽然“火彩”有所增强，但亮度损失太多，因而未被钻石工匠和珠宝商们普遍接受。1940年，W·F·爱普勒设计的琢型在欧洲受到广泛赞誉，很快风糜欧洲，所以也有人称该琢型为欧洲圆钻式琢型（图 2-8c)。1970 年，在斯堪得纳维亚一些国家开始流行一种称为 Scan. D. N 标准圆钻式琢型（图 2-8d)，该琢型已成为目前钻石和宝石加工的常用琢型之一。上面这几种现代圆钻式琢型的尺寸比例可见表 2-2。

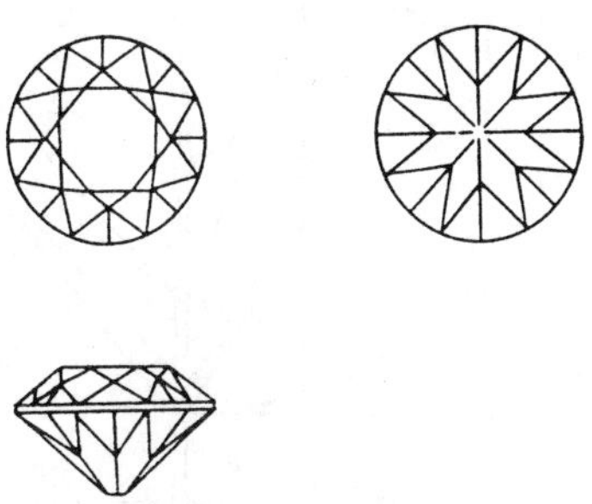

图 2-7 美国理想式琢型

表 2-2 现代标准圆钻式琢型的尺寸比例

标准圆钻琢型 / 刻磨比例 / 琢型比例参数	马歇尔·托尔克夫斯基式	詹森式	欧洲式	Scan. D. N 式
腰部直径	100%	100%	100%	100%
台面直径	53%	56.1%	56%	57.5%
冠部高度	16.2%	19.2%	14.4%	14.6%
亭部高度	43.1%	40%	43.2%	43.1%
台面至底面的高度	59.3%	59.2%	57.6%	57.7%

现代圆钻式琢型的设计思想非常明确，那就是：尽可能地表现出钻石的“火彩”和“灿光”特点。至于保存尽可能多的重量，已退为次要考虑的方面。

近 20 年来，现代圆钻式琢型的发展日益完美，翻光面越来越多，而琢磨精度要求也越来越高。图 2-9 中仅给出了几种比较著名的现代圆钻式琢型。当然，这些琢型一般只用于高质量

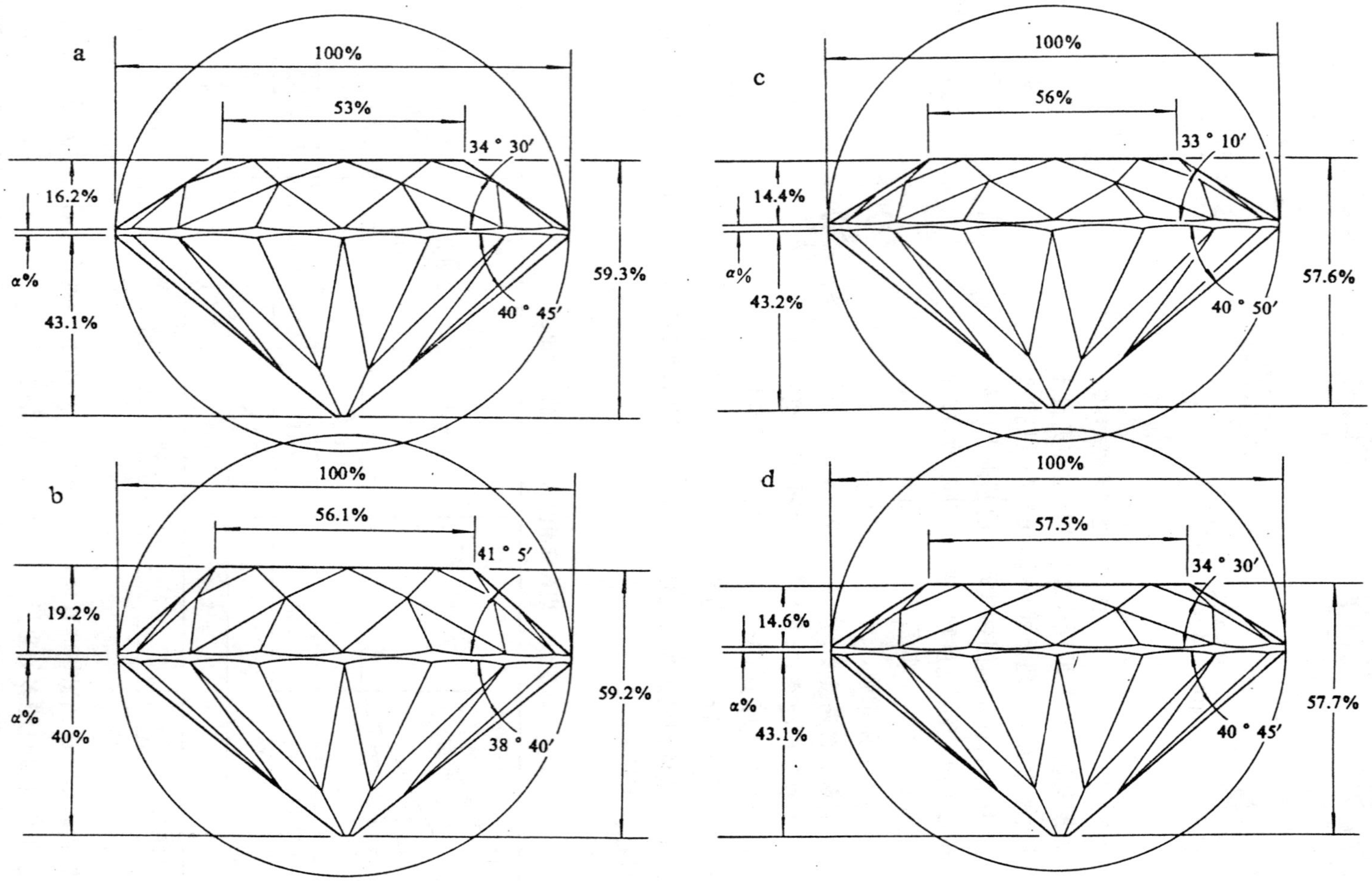

图 2-8　几种标准圆钻式琢型及面角比例

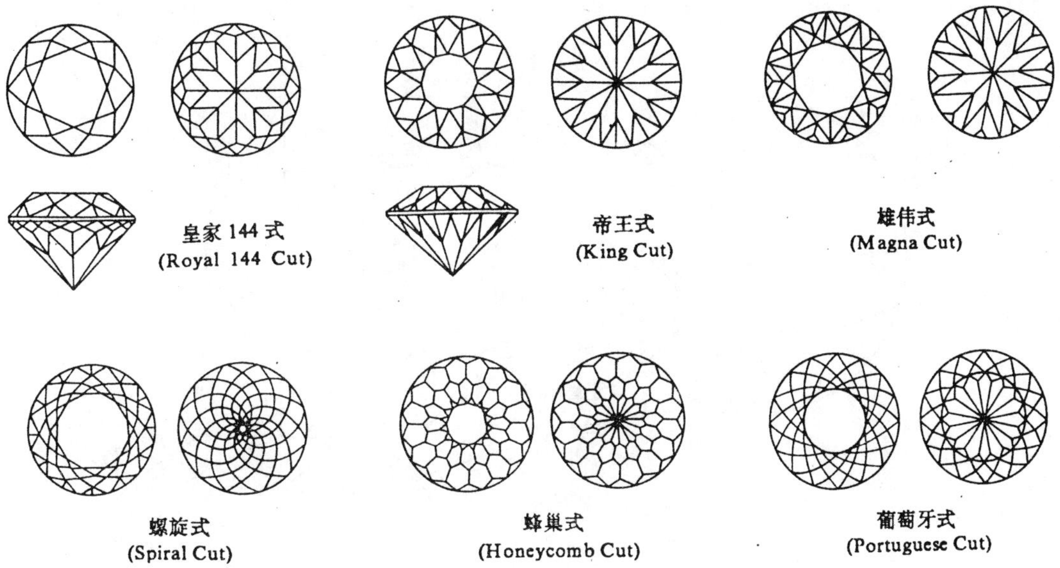

图 2-9 几种现代圆钻式琢型

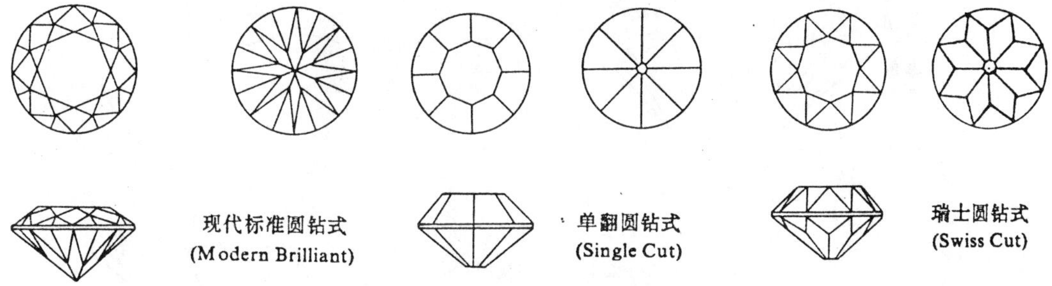

图 2-10 几种简单圆钻式琢型

的大块钻石。对于小颗粒钻石和彩色宝石则多采用标准圆钻式琢型和其他一些简单琢型（图 2-10）。

为了后面讲述方便，下面简单介绍一下标准圆钻式琢型各翻面和角的名称。从图 2-11 中可以看到，整个琢型由三部分构成，即冠部、腰部和亭部。冠部顶端中央的较大的八边形面称为台面，呈风筝状的四边形面称冠主面，共有 8 个，冠主面与腰围的水平面（或台面）的夹锐角称为冠角，它是冠部各面的基准角。紧连台面四周的 8 个三角形小面称为星小面。冠部与腰部之间 16 个小面称为上腰小面。腰部与亭部间的 16 个小面称下腰小面。亭部 8 个构成八角星状的小面称为亭主面，它与腰围水平面的夹锐角称亭角，是亭部的基准角。另外，有时在亭部底端有一小八边形面，称为底小面，主要是为了减少宝石底部的损坏。

标准圆钻式琢型是基本琢型，其他钻式琢型多由其变化而来。因此，掌握好圆钻式琢型的特点，可以在设计中举一反三，达到事半功倍的效果。

现代钻式琢型除了圆钻式琢型外，还有许多其他变型(图2-12)。这些琢型实际上仍然沿用了圆钻式的尺寸比例和角度，只是腰形不同而已，这一方面是为了迁就原石的形状特点，

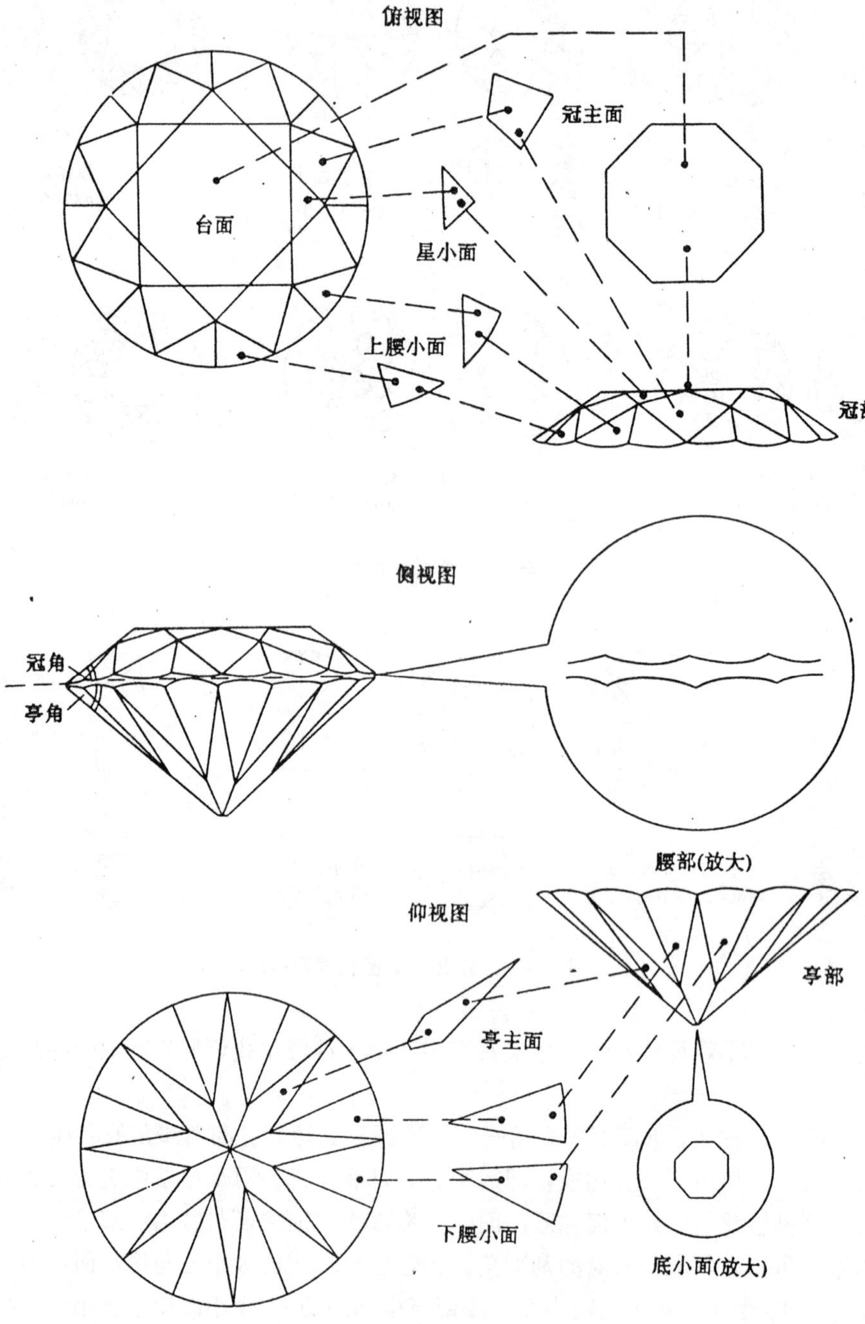

图 2-11　标准圆钻式琢型的各部位名称

另一方面也使琢型向多样化方向发展。特别是对彩色宝石的设计，目前经常采用这些变形琢型，以适应市场需求。

(2) 玫瑰式 (Rose Cut)　玫瑰式琢型主要用于那些不完整的钻石晶体（如板块、尖角状和一些厚度较薄的碎片）的设计。其出现时间可能稍晚于桌式，在 18 世纪达到鼎盛，近代用

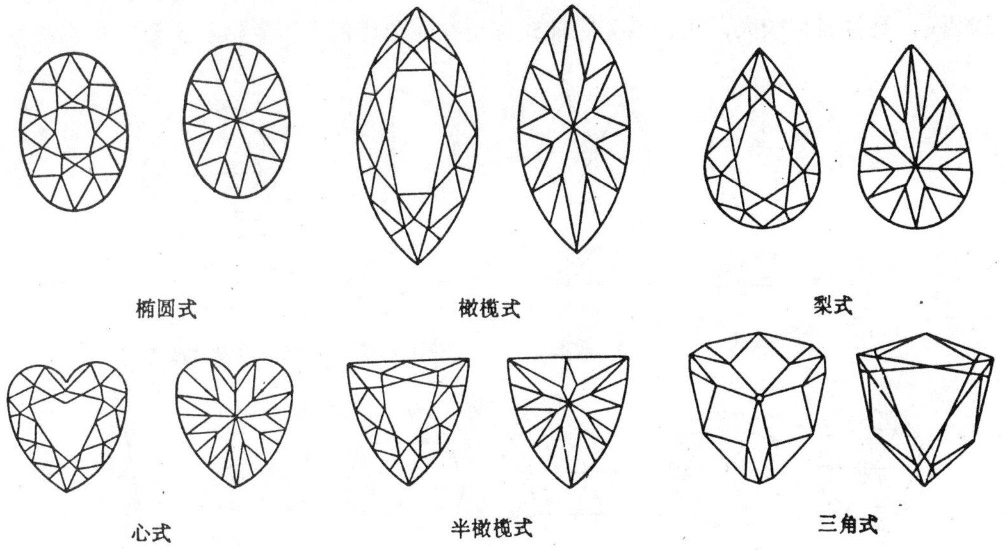

图 2-12　几种常见的钻式琢型变形

得越来越少。该琢型因其正面看上去形似一朵盛开的玫瑰花，故而得名。

玫瑰式琢型的主要特点是，上部由多个小面规则组成，下部仅有一个大而平的底面，看上去象个单锥体（图 2-13）。这样的琢型，对于“火彩”和亮度都不利，但其优美的几何形状和适用性仍有一定的吸引力。所以有时仍可以见到这种琢型。

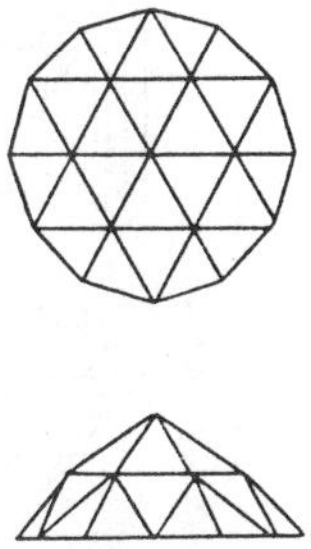

图 2-13　圆形玫瑰式琢型

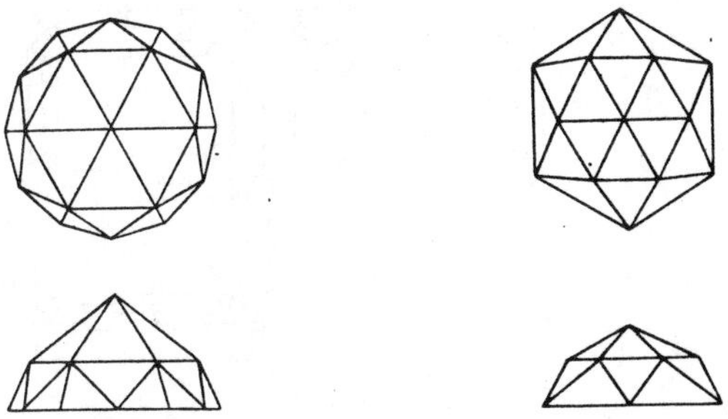

图 2-14　荷兰玫瑰式琢型

在玫瑰式琢型中，荷兰玫瑰式最为常见（图 2-14）。这种琢型一般在上部中央有 6 个三角形翻面顶角相连构成一个正六边形，六边形周围有 12 个或 18 个小三角翻面环绕。除了荷兰玫瑰式外，还有一些其他玫瑰式琢型，图 2-15 列出了一部分常见的玫瑰式琢型。有的比较简单，用于小石；有的比较复杂，用于较大的原石。双玫瑰型是单玫瑰型的变型，它的底部与上部对称。历史上曾有 2 颗名钻：Florentine（137 克拉）和 Sancy（55 克拉）就是被琢磨成双玫瑰式琢型，这两颗钻石都来自印度。

（3）阶梯式（Step Cut）　阶梯式琢型最大的特点是具有阶梯状的翻光面。其最典型的琢型是祖母绿式（图 2-16）。该琢型由于常用于祖母绿宝石的琢磨而得名。由祖母绿式变化来的琢型很多，从正方形→长条形都有，这主要取决于宝石原石的形状。

在阶梯式琢型中，翻光面的数目和阶梯数不是重要的，因为此琢型的主要目的是为了使透明的有色宝石表现出浓艳鲜亮的色彩，闪耀并不重要。因此，其亭部比钻石式深，而冠部相对较浅，且台面比较大。正是因为阶梯式琢型在面角比例上不象钻石式要求那么严格，所

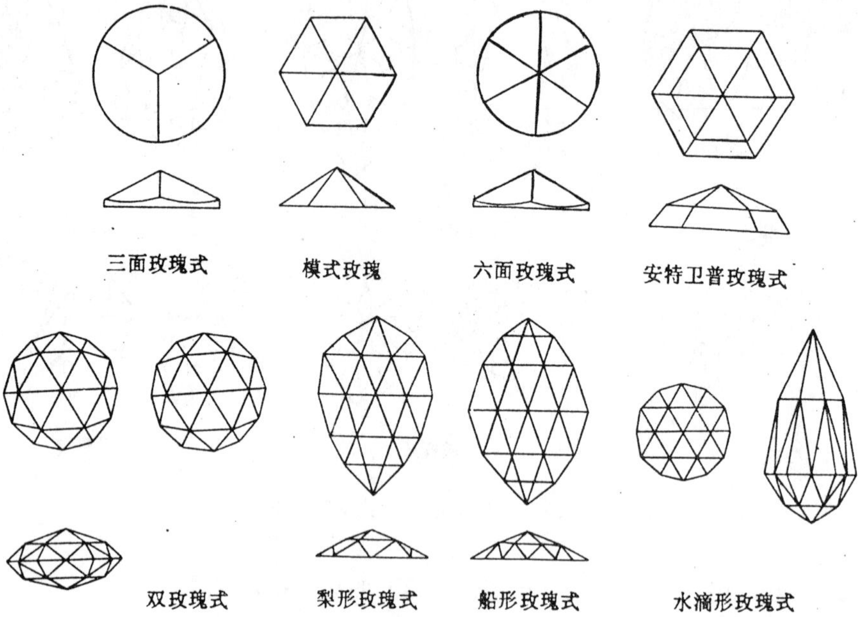

图 2-15　常见的一些玫瑰式琢型

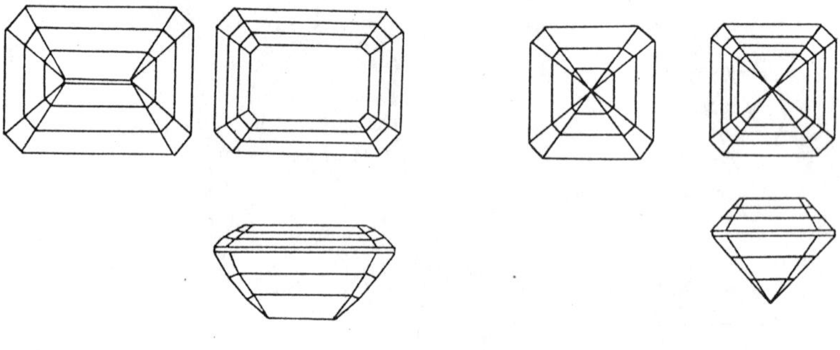

图 2-16　典型的阶梯式琢型（祖母绿型）

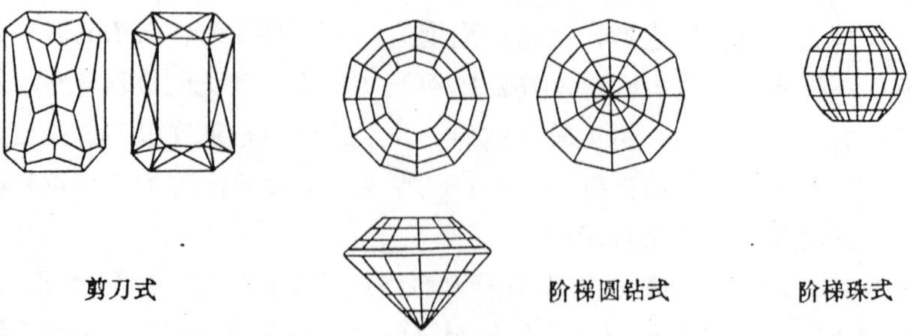

图 2-17　较大宝石的阶梯式琢型

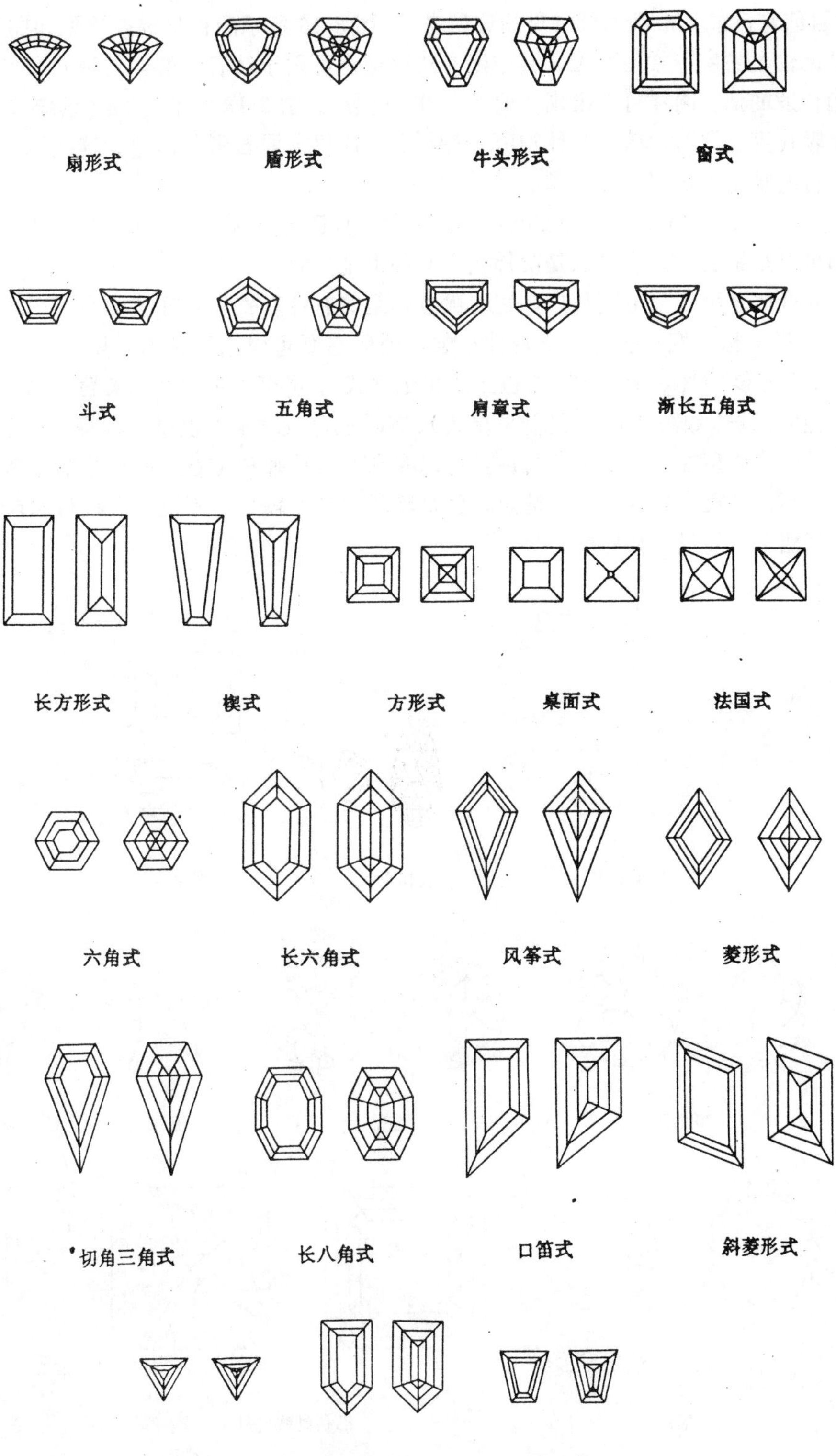

图 2-18　小石的阶梯式琢型

以它在彩色透明宝石中应用很广，可以适应各种形状、大小的宝石原石的切磨，并且省料省工。目前它已成为市场上最常见的琢型之一。图2-16所示的祖母绿式琢型和图2-17所示的琢型是比较大的宝石常用琢型。其中陷井式琢型也可用于钻石琢磨，若翻光面尺寸比例和冠角亭角合适的话，同样可以出现“灿光”和“火彩”。图2-18所示的24个阶梯式琢型，一般用于小颗粒宝石原石琢磨，具体用哪一种琢型，应根据原石形状而定。这些琢型主要是为了保持宝石的重量。琢磨十分简单。

(4) 混合式 (The Mixed Cut)　混合式琢型是指由前述几种琢型混合而构成的琢型。其冠部可以是钻石式，也可以是阶梯式，亭部也是如此。

混合式琢型适用范围很广。它的优点就是兼有钻石式和阶梯式两类琢型的长处，并且造型上不局一格，变化多样，适用性很强。因此它既可以用于钻石，以充分体现钻石的“灿光”和“火彩”(图2-19中的20世纪式和纪念式)，也可以用于其他彩色宝石，以体现有色宝石浓艳的色彩(如图2-19中的开罗星式)。有时还可兼顾宝石重量和闪耀(如巴利奥钻式)。总之，混合式琢型在使用时十分灵活，可以有利于设计师和宝石工匠们尽情发挥其想象力和创造力。不过，混合式也有一个缺点，就是琢磨的难度较大，不适于大批量生产，只适合用于一些高档宝石的设计和琢磨。

3. 珠型

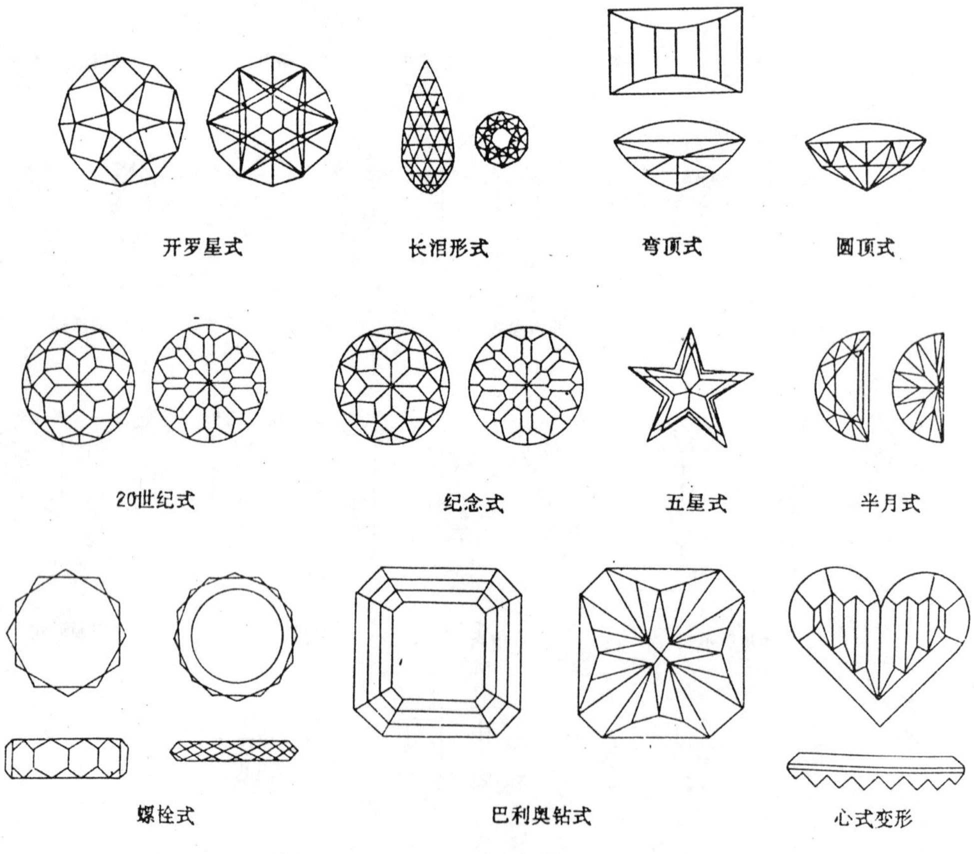

图2-19　混合式琢型

珠型也是宝石中最常用到的造型之一，通常用于中、低档宝石琢磨之中，可以用于制作不同的首饰，如项链珠、手链珠、耳坠珠、胸坠珠和其他佩饰珠。

珠型根据其形态特点可进一步分为许多类型。比较常见的有圆珠型、椭圆珠型、扁圆珠型、腰鼓珠型、圆柱珠型和棱柱珠型（图 2-20）。其中棱柱珠型又可分为立方体珠、正四方柱珠、正三棱柱珠和菱柱珠等若干琢型。

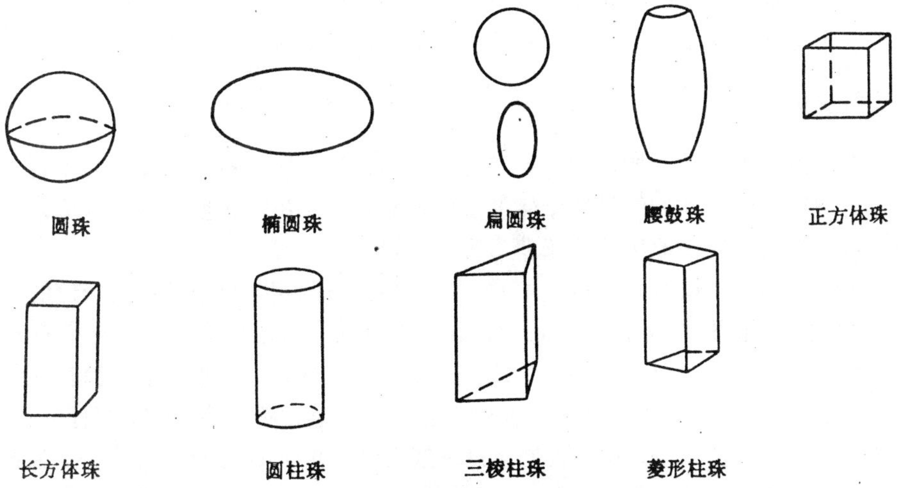

图 2-20　几种常见的珠型琢型

珠型以各种简单的几何体为主，适用于半透明→不透明的宝石琢磨中，它既可以表现宝石的色彩美，又可以体现几何形态的规整美。另外，由于其几何形状简单规整，且所用宝石原石量多价廉，因而可以大批量生产出规格完全一样的琢型。

珠型的魅力并不主要表现在单粒珠子上，而是在十几个乃至上百颗 同一琢型或不同琢型的珠子所串连形成的造型上，这种整体造型可简可繁，可长可短，变化万千。人们可以根据自己的爱好、服饰需要等进行选择。因此，珠型宝石是人们最常佩带的首饰石之一。目前珠宝市场上的大宗货就是珠型宝石，特别是项链珠最常见。

4. 异型

异型宝石包括两种琢型类型，一种是自由型，另一种是随意型（简称随型）。

自由型是人们根据自己的喜爱，或者根据宝石原石形状，将原石琢磨成不对称或不规则的几何形态（图 2-21)。也有写实的形状，如树叶、鱼、昆虫等近似形状。自由型宝石要求设计和加工人员要有丰富的想象力和较高的手工琢磨技能，同时还要有一定的艺术修养。因此，琢磨自由型宝石的难度较大，产品量很少，多数情况下只适用于琢磨一些高档宝石（如钻石、欧泊、翡翠等）。

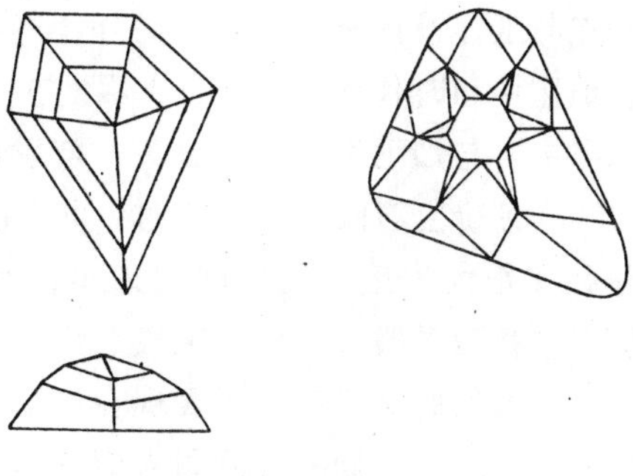

图 2-21　自由型琢型

随型是最简单的宝石造型，因为它们基本上已由大自然完成了或者由原石本身形状决定了，人们要做的仅仅是把原石棱角磨圆滑，并抛光以增强光泽。由于随型宝石的形态千变万化、离奇古怪，表现出大自然的多姿多彩和神秘莫测，具有其他宝石造型所没有的特殊魅力，因而很受追求新奇的人们的钟爱。另外，随型所用宝石材料十分广，甚至包括一些宝石的边角料。其加工也十分简单。后文将具体讲到加工方法。

第三节　宝石的款式设计

宝石在琢磨之前，首先要进行款式设计，这是必不可少的前期工作。一般来说，款式设计包括确定宝石琢磨的琢型、琢型定位和定向、加工的方法等。

一、设计原则

宝石的款式设计不是随心所欲的，要遵循一定的设计原则，特别是珍贵的宝石，更要严格按设计原则进行设计。人们经过数千年的实践探索，总结出一条基本的设计原则：最大限度地表现宝石的价值。这一原则适用于所有宝石的设计。

那么，宝石的价值具体是指什么呢？它主要是指宝石的美学价值和商品价值的总和。其中美学价值包括宝石的外在美和内在属性。外在美有两个方面：①质美，是宝石某些性质（力学性质和光学性质）产生的感观美，如颜色、亮度、透明度、质地纯洁性和特殊的光学效应（猫眼、星光、变彩）等，这些性质是衡量宝石美学价值和商品价值的重要标志；②形美，是指宝石的造型和工艺艺术美，这是人们通过琢磨而创造出来的美（随型除外）。宝石外在美应该是质美与形美的高度和谐与统一，体现在设计中，就要求对不同性质的宝石，应采用不同的造型，以便最大限度地体现出宝石的外在美。

宝石的内在属性包括罕见性、耐久性和天然性。这在第一章已作了介绍。

一般来讲，宝石设计中，既要尽可能地保存宝石的内在属性不变，又要充分揭示出宝石的外在美。宝石的耐久性和天然性与设计关系不大，但罕见性有时与设计有密切关系，因为宝石的罕见性包括宝石种类的稀有和宝石某些性质（如重量、奇异的光学现象）的罕见性，与设计有关的是后一种罕见性。如 2 克拉以上的“鸽血红”红宝石是十分罕见的，但若设计中不注意保存尽可能大的重量，那么就会失去其罕见性。宝石的质美在设计加工前，往往不能或不完全能表现出来，只有通过一定的造型设计，才能完美地表现出来，如猫眼石只有设计成一定方位的凸面型宝石才能表现出活灵活现的“猫眼效应”。形美中的造型艺术美则完全由设计来决定，它首先应服从充分体现质美的要求，在质美的前提下，才能谈造型艺术美，这一点与玉器设计有所不同。另外，造型艺术美还受市场情况和消费者审美观的影响，有一定的地区性和时代性。如玫瑰式琢型在 18 世纪欧洲曾流行，而现在已很少见到了。至于工艺艺术美主要与加工工艺水平有关，与设计无关。

在评价宝石的美学价值时，重点往往放在宝石的外在美上，因为这是看得见、摸得着的，并且在很大程度上能反映出人们的设计水平的高低。所以，宝石的“光彩照人”、“奇光异彩”、“晶莹无瑕”、“珠光宝气”等都是我们设计中应尽力追求的目标。

宝石的商品价值主要表现在价格上，而宝石价格的高低，不仅取决于宝石的美学价值，而且取决于珠宝市场的行情和人们的消费心理。美学价值高的宝石一般商品价值都不低。但有时也不一定，二者不一定总是相称的。宝石商品价值还有一个重要方面，就是保值性，特别是高档的珍贵宝石，其保值性比黄金还要稳定。有关保值性，因为与设计无关，故这里不多述。

二、设计要求和方法

基本设计原则指明了设计的基本思想，但这并不能替代具体的设计要求和设计方法。不同种类的宝石除有一些共性特点外，还有各自的特殊性，也就是其外在美的表现是不同的。如无色透明宝石以"晶莹无瑕"为美的特征；彩色宝石则以"炫丽多彩"而夺人心魄；星光宝石和猫眼石以奇特的光学现象引人入胜。凡此种种外在美的表现对宝石设计提出了不同的要求，不论对哪一种宝石，其设计都有一定的规律可循，或者有前人经验可以借鉴。认真深入地研究总结设计规律，学习归纳前人经验，是搞好宝石设计的基础。下面介绍一下设计中几个方面的要求：

1. 重量①

宝石的重量对于大多数宝石，特别是高档宝石是一个十分重要的参数。一般情况下，在宝石设计中应尽可能地减少除去的量，或者说，保存尽可能大的体积（或重量）。这里所说的保存尽可能大的重量有两个含义：①指单粒宝石成品尽可能大；②指一块宝石原石经琢磨后所获得的宝石成品的重量总和应尽可能地大，即成品率尽可能高。两种含义的重量都是十分重要的，前者对高档贵重宝石尤其重要。

当然，这两种含义重量有时不可兼得，以哪一种为主呢？这要视情况而定，通常以所得宝石成品的商品价值高者为主，这是指在保证宝石美学价值不变的前提下的商品价值。如此一来，就要求单粒宝石重量和宝石的总成品率都达到最佳值，若一味追求单粒宝石重量尽可能大，就会降低总成品率，反之，若只考虑成品率，就可能使单粒宝石重量变小，同样会降低宝石的总商品价值。因此，设计中根据目前宝石市场价格情况和宝石原石的特点，计算出单粒宝石的最佳重量范围和总成品率的最低下限，这样的设计才合理。不过，这种计算往往是粗略的，而且由于宝石市场价格有时浮动变化很大，不易掌握，因此设计计算中应留一定余地（保守些）。另外，设计水平高、加工实践经验丰富的设计者计算的准确性会高些，初学者则误差会大些。

对于高档的珍贵宝石，大多数情况下，以保存单粒宝石重量为主，总成品率作次要考虑。因为贵重宝石大粒者十分难得，其价格往往随重量呈指数上升。例如，1 克拉重的优质祖母绿戒面售价 700—1 500 美元，而 2 克拉重的优质祖母绿戒面售价每克拉可达 2 000—3 500 美元。3 克拉以上者，每克拉就可能卖到 5 000—10 000 美元。由此可见，贵重宝石的单粒重量十分重要。

钻石的情况似乎要复杂些。早期钻石设计和加工，以重量保存最大为主要目标，不十分注重钻石的闪耀。但现在钻石价值评价由于要求综合考虑"4C"，即重量（Carat）、颜色（Color）、琢型（Cut）和洁净度（Clearity）。因此钻石设计也要求综合考虑各种因素。一般来说，颜色与设计关系不大，它基本由原石决定。瑕疵含量和分布对设计有一定影响，但不十分大。只有重量和琢型与设计关系十分密切。从目前钻石设计的一般规律看，对于大块的优质钻石原石，设计中倾向于重点考虑琢型的合理性，以期获得最佳的"灿光"和"火彩"，同时兼顾重量。而对小颗粒钻石；则以保存重量为主，兼顾其他。在这方面，钻石设计师们已积累了相当成熟和成功的经验，已逐渐形成了较为完善的规范。如美国 GIA 所制定的钻石设计规则和钻石评价标准。

应该指出的是，宝石重量虽然重要，但不是设计中唯一要考虑的因素，若单考虑重量，有时可能以牺牲宝石其他美的特征为代价，这是不可取的。

2. *颜色*

颜色对于无色透明的宝石设计没有什么意义，但对于以颜色艳丽为主要美的宝石来说，设计的好坏是相当重要。我们知道，不同种类宝石有色彩、色度、色耀度和色调的差别；同种宝石不同原石的颜色特性也有差异，既使在同一块宝石原石上，也常常有色形和多色性的问题。因此，如何使宝石颜色特性达到最佳状态，即色彩浓艳、鲜亮、明快，色调均匀，成了设计中要解决的一个重要问题。

宝石的色彩是天然的或由人工确定的，一般比较稳定，设计中无法改变。但色度在某些情况下，通过造型设计可以改变，原因是有色宝石的色度往往与宝石的厚度和粒度有关，厚度越大，色度也越大，同样，粒度越大，色度也越大，反之则色度越小。如新疆阿尔泰所产的海蓝宝石，大块原石晶体色度较浓，但琢磨成戒面后往往色度变浅。根据色度和宝石厚度、粒度的关系，在设计中可将色浅的原石适当取厚度大的琢型，如阿尔泰海蓝宝石多设计成祖母绿式，以增加其色度，粒度也适当大些（5—10 克拉）。而原石色深者，取厚度较小的琢型，如山东的蓝宝石，色很深，若设计为阶梯式方片（祖母绿式的冠部形状，底为平面），则厚度就较薄，色度得到改善。当然，上述方法仅对透明—半透明宝石有效，对微透明和不透明宝石意义不大。这里要注意一点，就是通过改变宝石厚度和粒度来改变色度，同时也会改变色耀度。厚度和粒度增大，色度是浓了，但色耀度却会降低，使颜色鲜亮程度降低，这是我们不希望见到的。可见色度和色耀度在设计中是一对矛盾。既要使颜色浓艳，又要使颜色鲜亮，一般情况下难以做到，多数情况下是取二者的综合效果达到最佳状态。有种常见的情况需要提一下，有些微透明的宝石，如翡翠、欧泊等，在做成凸面型戒面或其他片状异型首饰石时，厚度都比较小，因为此类宝石的色度与厚度关系不大，厚度小，并不会减小宝石色度，但却可以增加透射光线的量，从而增加宝石色耀度，使宝石的颜色变得明快鲜亮。

非均质宝石大多有多向色性质（简称多色性），其中以二向色性最常见。有明显多色性的宝石很少，常见的有红宝石、蓝宝石、碧玺、坦桑石和黄玉等。大部分宝石的多色性不易被人的视觉所区分，因而在设计时可以不考虑。而对多色性明显的宝石，设计中有一个定向定位的问题。定向和定位对不同的宝石是不同的，要视具体情况而定。如多色性明显的碧玺，在晶体侧面看（垂直于 c 轴方向），为鲜明的绿色或蓝绿色，而从两端视之（平行于 c 轴方向），为深棕绿色或深橄榄绿色（见图 2-22）。对此种情况，设计时通常把琢型的台面选在与晶体 c 轴平行的方向，这样就可获得比较鲜艳、明快的绿色或蓝绿色。当然，不是所有碧玺都按此定向，对一些色浅的碧玺，有时取垂直于 c 轴方向为台面向，以增加色度。由此可见，多色性显著的宝石定向，应以达到最佳的颜色状态为标准，即色彩纯正、艳丽，色度和色耀度高，色调均匀。

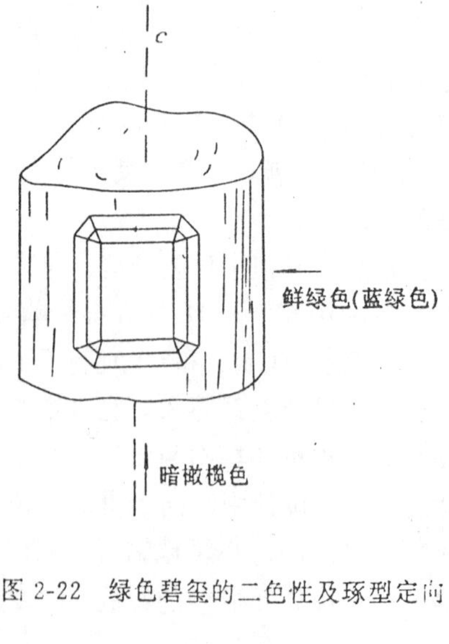

图 2-22　绿色碧玺的二色性及琢型定向

有些宝石原石，如蓝宝石、红宝石、碧玺、紫晶和海蓝宝石等，常出现色形现象，其表现为两种情况：①颜色分布不均匀，即在原石不同部位，色度和色耀度有差异；②原石不同部分的色彩或色调不同，形成色区。前者如蓝宝石的环状色带，即深色环和浅色环相间出现，均环绕晶体 c 轴分布（图 2-23）。后者如碧玺，其一端若为红色，另一端可能为蓝色，而两端之间可以出现多个色区（见图 2-24 所示）。有时碧玺横截面上也可以出现由不同色彩组成的环状色带（如图 2-25 所示），俗称“西瓜”碧玺。不论是色区，还是色带，在宝石设计中，都应尽量避免其保留在琢型中，因为颜色不均匀会影响宝石的外在美。当然，不能一概而论，有时奇异的色形可以起到特殊的效果，使宝石价值因此而提高，此时保留色形是有益的。不过这种情况极少见。大多数情况下，还是要设法避免颜色不均匀现象发生。具体作法很简单，在比较强的照明条件下（最好是日光），转动宝石原石，注意观察选择一个颜色比较均匀的方向，将此方向作为台面方向即可。如对有色带的蓝宝石，只要在垂直于 c 轴方向观察，就可以见到比较均匀的蓝色。

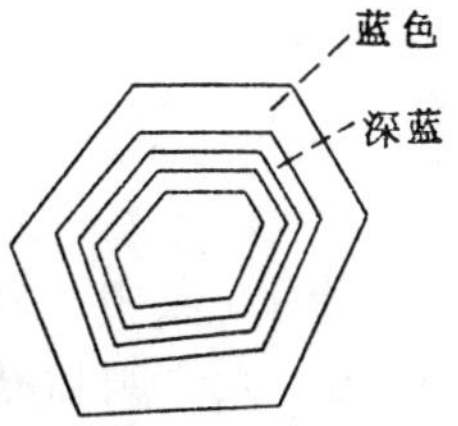

图 2-23　蓝宝石六方环状色带

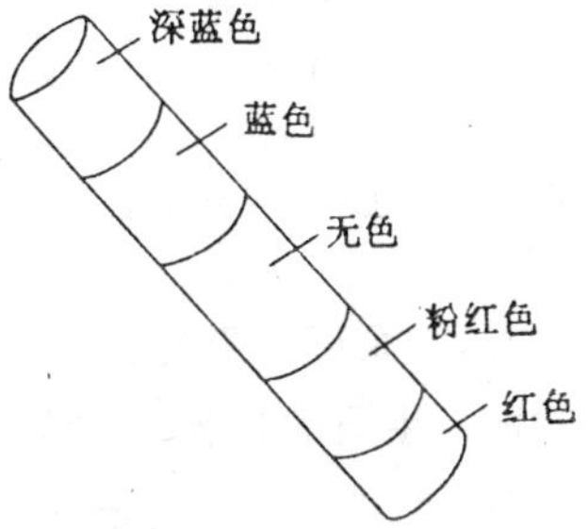

图 2-24　碧玺的色区

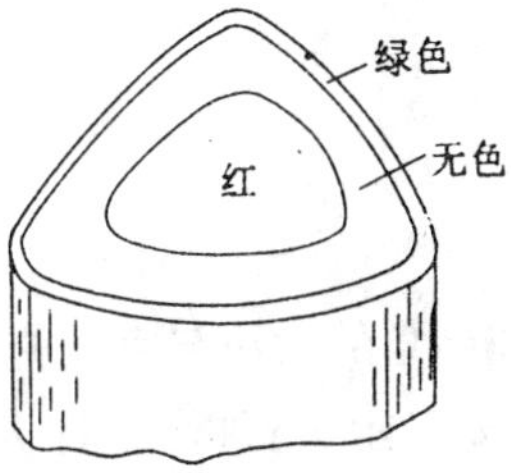

图 2-25　碧玺的色带（“西瓜”碧玺）

3. 琢型

设计中琢型的选择十分重要。这不仅是个造型艺术美的问题，而且涉及到能否充分体现宝石的美学价值。下面是有关琢型选择所涉及的几个主要问题：

（1）透明度与琢型　透明度对琢型选择影响比较大，一般透明宝石选用刻面型琢型；微透明和不透明宝石采用凸面型和珠型琢型；至于半透明宝石，既可以选用刻面型，也可以选用凸面型、珠型和其他琢型，具体选用哪种琢型，要根据情况而定，基本原则仍然是充分体现宝石的价值。如有星光效应的蓝宝石应设计为凸面型，以显示星光，而不出星光的蓝宝石则应选用刻面型，以显示其颜色。

（2）亮度、火彩与琢型　前面已讲过，亮度是宝石反射光的总强度，包括透射光、表面反射光和内部全反射光，其中表面反射光称为光泽。火彩是宝石色散的表现。凸面型宝石由于内部反射光极弱，透射光也极弱，故其亮度主要由表面反射光产生。刻面型宝石的亮度则由表面光泽、透射光和内部反射光组成。对于透明宝石，尤其是无色透明者，其表面反射光线占入射光线的光量比例不大，一般都低于 20%，但钻石的抛光平面反射光线可达入射光线光量的 30%。除了表面反射光线，其余入射光线均进入宝石内，成为折射光线，这些折射光线在穿过宝石进入空气时，一部分又被反射回宝石中。为了更好地理解这一点，下面简单介绍一下光的折射和全反射原理。以宝石的台面为入射光线的反射面和折射面，根据几何光学原理，有几个基本的光学法则：①入射光线平行于法线时，其反射光线平行于法线，但方向与入射光线相反，而折射光线的传播方向不变，但传播速度降低；②入射角等于反射角（图

2-26a)；③同一宝石中，入射光线的入射角越大，折射角也越大，当入射角无限趋近于90°时，折射角达到最大（图2-26b）。根据光线的可逆性，当光线从宝石内进入空气时，其路线与从空气中入射到宝石中的光线路线一样，当入射角达到一定角度（α）时，进入空气中的折射光线平行于宝石台面；若入射光线大于α角时，入射光线不再进入空气中，而是被反射回宝石内，这种现象称为全反射，α角称为临界角（见图2-26c）。

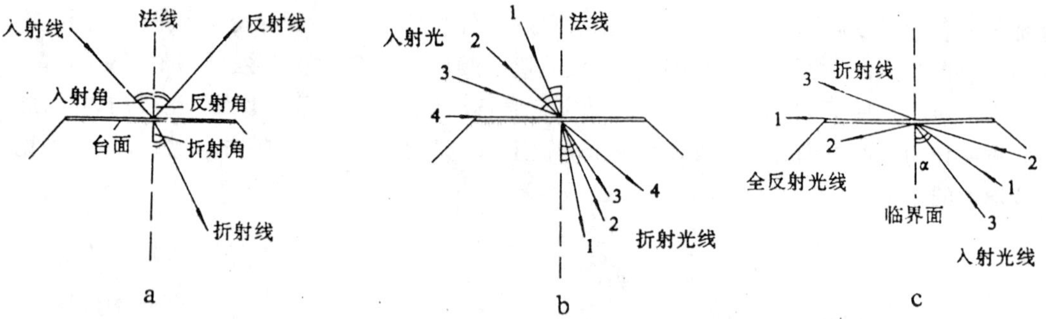

图2-26 光线的折射与全反射

临界角的大小与宝石的折光率有关，其关系可以用公式 $\sin\alpha=1/n$ 来表示，其中α为临界角，n表示宝石折光率。从公式可以看出，宝石的折光率越大，临界角越小，反之则临界角就越大。由此可见，能否产生全反射，取决于宝石的折光率（即临界角）和入射光线的入射角。由于折光率对宝石来说，是一个常数，因而临界角也是常数，无法改变。唯一能改变的是光线从宝石内进入空气前的入射角。若琢型设计能尽可能地使光线的入射角大于临界角，则光线就只在宝石内发生全反射。好的刻面琢型可以使大部分光线经全反射从宝石冠部射出，从而增强宝石的亮度。

那么，宝石琢型的翻面尺寸和冠角、亭角应怎样设计，才能使亮度或火彩达到最佳状态呢？下面以钻石为例来说明这个问题。

我们知道，一块顶底面平行的板状钻石晶体碎片，它对透射光线的影响仅仅使光线发生平行移动（图2-27）。当钻石为一等腰三角形时，就成了玫瑰式的基本形状（图2-28a）。要使光线绝大部分从钻石中反射出，三角形底角应不小于48°52′，即不小于钻石临界角24°26′的2倍。此时，钻石亮度极强，但火彩却不明显，若在钻石顶部切去2个对称角，就可以增强火彩，但这样做会使亮度略为减弱（图2-28b）。

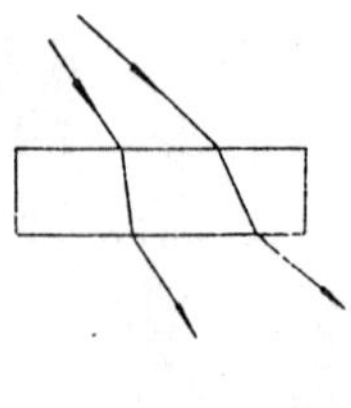

图2-27 光线穿过顶底平行的宝石片

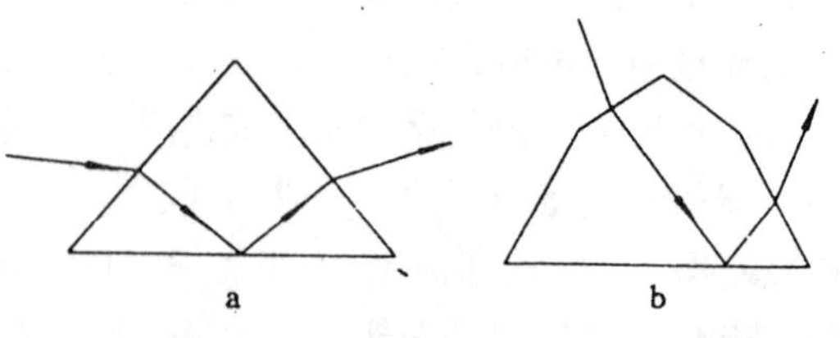

图2-28 光线在基本玫瑰式琢型中的全反射

将上述三角形钻石截面翻转过来，就成了钻式的基本形状(图2-29a)。经计算得知，要使此琢型产生最佳内反射，则光线在宝石内的第一个全反射面与顶面的锐夹角α必须大于48°52′，而第二个全反射面与顶面的锐夹角β应小于42°43′。如此一来，琢型就不对称了，一般设计中是不允许出现不对称现象的，因而只能另找途径。1919年，马歇尔·托尔克夫斯基经过计算和实际琢磨试验，提出了一个能产生极强亮度的角度40°45′，该角度也可以产生极佳的火彩（图2-29b)，它使光线的损失大大减少，大部分都从顶面上射出。马歇尔·托尔克夫斯基设计的这个角度后来就成了钻石的标准圆钻式琢型的亭角。尽管如此，还是有少量光线会从下部漏失，托尔克夫斯基在顶面两侧增加了两个翻光面，并计算出该翻光面最佳的角度是34°30′。增加的翻光面既减少了光线的漏失，又增加了火彩的明显程度。该角度后来演变为钻石的标准圆钻式的冠角。至于标准圆钻式琢型的星小面、上腰小面和下腰小面都是为了减少底部漏光和增强亮度，同时使火彩更加显著。

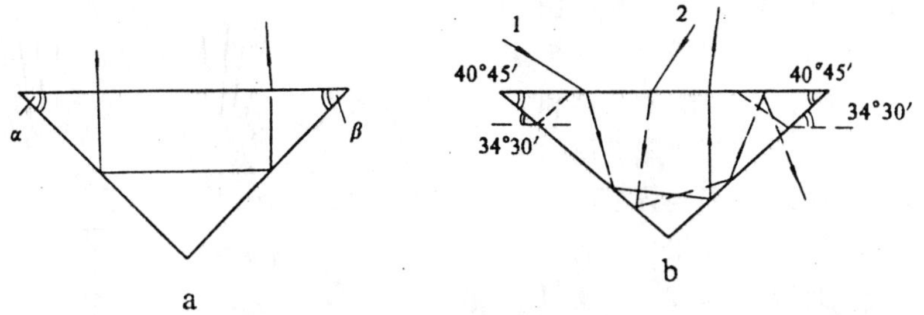

图 2-29　圆钻式基本琢型对光线的内反射

这里要强调的是，亮度和火彩在设计中是一对矛盾，因为亮度是各色反射光和透射光线的总量，亮度强，表明各单色光在钻石内的全反射都比较强，任何一种单色光的反射光量减少或漏失，都会使亮度减弱，而火彩的要求正好相反，它要求在钻石内不同部分，对各单色光的全反射不一致，某些单色光反射量大一些，另一些反射量小些或漏失，这样火彩就显得突出。由此可见，要使亮度达到理想状态，就会尽失火彩，同样，要使火彩达到最佳效果，亮度就会大大减弱。实际设计中，不可能使二者均达到理想的最佳状态，只能使二者的综合效果达到最佳状态，二者综合效果通常称为闪耀（Brilliance)。

影响钻石闪耀强度的因素很多，从琢型本身来看，主要有亭部厚度、亭角、冠角和冠高等。

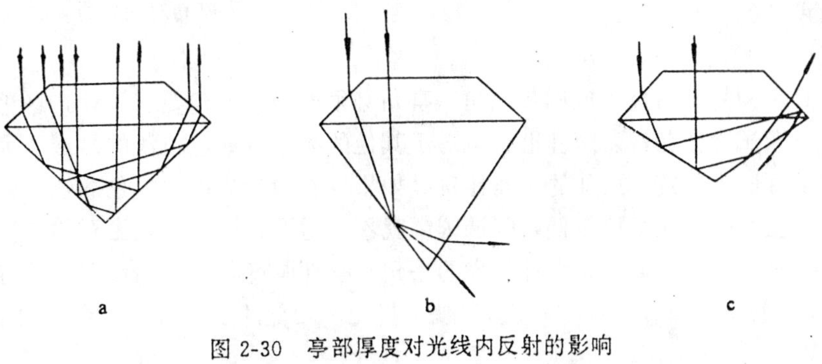

图 2-30　亭部厚度对光线内反射的影响

一般亭部厚度太大，光线易从亭部底漏失，从而使亮度减弱(图2-30b)；反之，厚度太小，也同样可使部分光线从底部漏失(图2-30c)。图2-30a所示的厚度比较合理，可产生较强的闪耀。

亭角对闪耀的影响也很明显。W·R·Eulitz 特别强调亭角对闪耀强度的重要性，他分别以三个不同亭角（35°、41°、48°）作了计算，并将结果表示于图 2-31 中。亭角为 35°的琢型台面中央出现空白区（俗称鱼眼），亮度极弱，而冠主面有较强的闪耀（图 2-31b）。亭角为 48°的琢型，反射光集中于台面中央，冠主面亮度很弱，火彩也基本不明显（图 2-31c）。上面这两种情况的闪耀都没有达到最佳状态。前者闪耀分布不均匀，后者强度不够。只有亭角为 41°的琢型闪耀强度最大，不仅闪耀强，而且分布也很均匀（图 2-31a）。

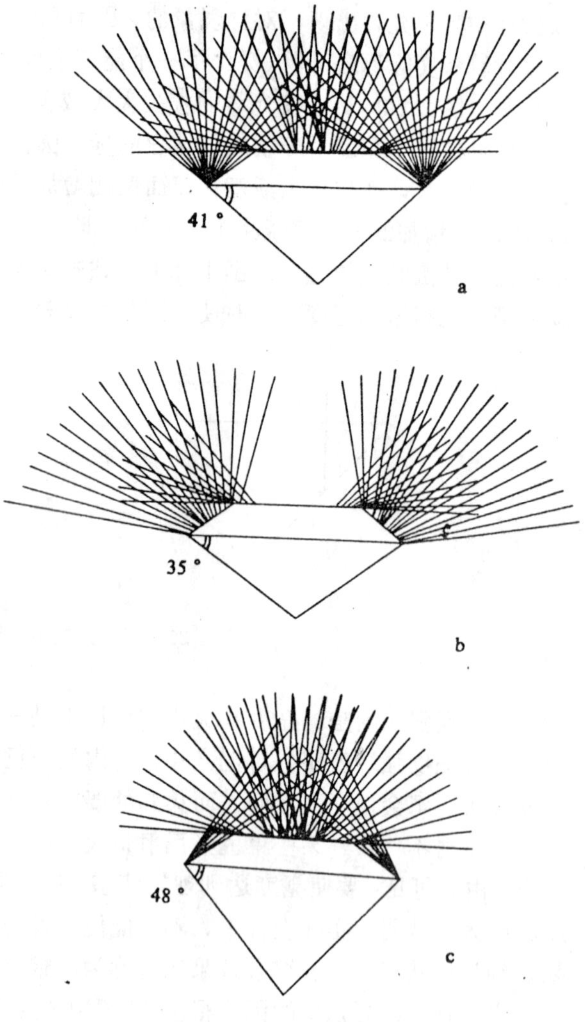

图 2-31　亭角对闪耀的影响

冠角对钻石闪耀强度的影响如图 2-32 所示。冠角 34°时，闪耀比较理想（图 2-32a）。当冠角比较小时，若冠高和亭角不变，则台面较小，虽然火彩有所增强，但亮度却明显减弱，因而闪耀强度并不理想（图 2-32b）。若冠角增大，而其他条件不变，则台面增大（图 2-32c），同样使闪耀强度不理想。

冠部高度的变化对钻石闪耀强度的影响可以从图 2-33 中看出，冠高降低，亮度增加，火彩将减弱（图 2-33b）；冠高增大，火彩加强，但亮度会随之减弱（图 2-33c）。一般冠高要能使台面直径占腰直径的 53%—60%，就可以产生较理想的闪耀，而台面大于或小于该比例，都会引起钻石闪耀强度的减弱。

以上详细讨论了钻石的亮度和火彩与琢型面角尺寸的关系。从讨论中可以看出，钻石设计要想充分表现出钻石强烈的闪耀，其琢型的翻面尺寸比例和冠角、亭角必须严格按一定要求设计，这种比例和角度可以通过计算和试琢磨获得。同样道理，对于其他的无色（或色很浅的）透明宝石，也可以通过计算和试琢磨来确定其最佳的面角比例。如果宝石的折光率大、色散强，则着重突出宝石的闪耀。若宝石的折光率比较低，强调闪耀就不合适了，因为这类宝石的临界角较大，要使其亮度达到较高状态，势必要设计较大的亭角和亭部厚度，这样的琢型设计有什么实用价值，况且亭部厚度太大反而会减少亮度，因此，折光率较低的宝石一般不会有很强的亮度，火彩也不明显。

至于彩色透明宝石，火彩的意义不大。通常主要考虑使宝石亮度增大，且不改变宝石的色度，这实际上就是加强宝石的色耀度。为此，有色透明宝石琢型的台面相对要比钻石大些，冠角和亭角大小主要由宝石的折光率和实际需要来定。表 2-3 中给出了不同折光率宝石的冠

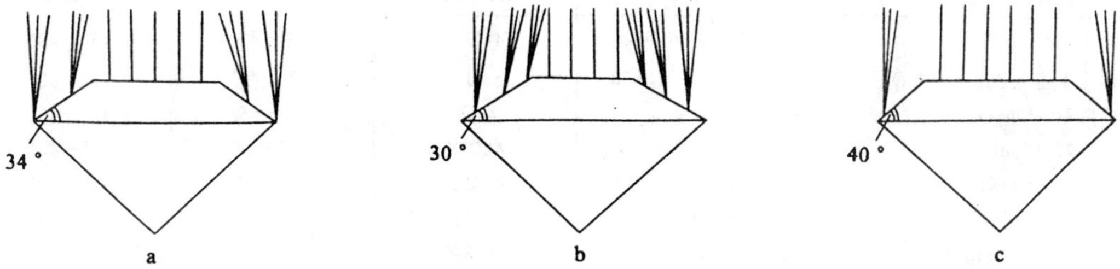

图 2-32　冠角对闪耀的影响

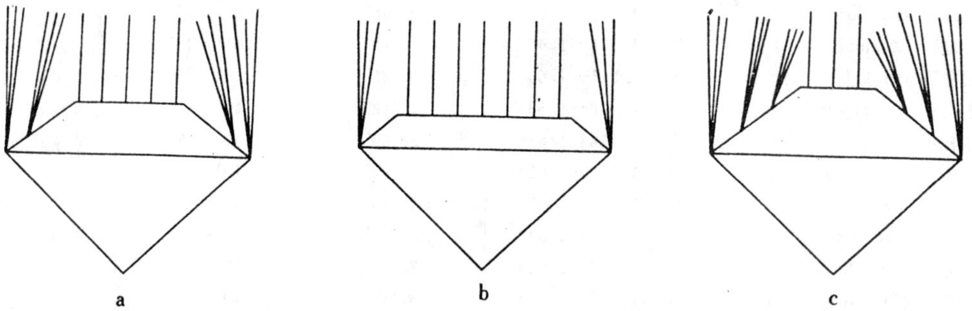

图 2-33　冠高对闪耀的影响

角和亭角的大致范围。当然，这不是绝对的，在某些情况下，可以根据具体情况，做适当改变。表 2-4 给出了常见宝石的临界角和冠角、亭角，仅供阅者参考。

表 2-3

折光率	临界角	冠　角	亭　角
1.40—1.60	38°—44°	40°—45°	43°—45°
1.60—1.80	34°30′—38°30′	37°—43°	39°—43°
1.80—2.00	30°30′—34°	35°—37°	41°—42°
>2.00	24°—29°	34°—35°	40°—41°

（3）重量与琢型　前面已讨论过宝石设计中重量具有的意义。这里再讨论一下琢型与重量的关系。琢型选择和形状、面角比例设计，首先是着眼于宝石的质美，其次才是重量。但由于受珠宝消费者心理影响，很多设计师都把宝石重量作为首先考虑的方面，其次才考虑质美，以迎合部分顾客希望宝石粒大的要求。这样的宝石虽然重量大一些，但颜色、亮度等却没有充分发挥。他们没有考虑到，一颗宝石虽然粒度小点，但由于它卓超的质美，同样可以吸引顾客，其售价在大多情况下不会低于粒大些但无光彩的宝石，有时可能还会高些。

不过，有些情况似乎应另当别论。如某些高档宝石有明显缺陷（如颜色、透明度不太好，瑕疵明显）时，可以以保存较大的重量为主，以提高宝石的商品价值。对刻面型宝石可以通过以下几个途径增加重量。

表 2-4 部分宝石的冠部角和亭部角

宝石名称（英文名）	折光率	临界角	冠部角	亭部角
萤石（Fluorite）	1.434	44°13′	40°—50°	43°—45°
硅孔雀石（Chrysocolla）	1.460—1.570	43°14′	40°—45°	43°—45°
蛋白石（Opal）	1.450	43°3′	40°—45°	43°—45°
方钠石（Sodalite）	1.485	42°20′	40°—42°	43°—45°
方解石（Calcite）	1.486—1.658	42°15′	40°—42°	43°—45°
堇青石（Iolite）	1.534—1.551	40°41′	40°—42°	43°—45°
鱼眼石（Apophyllite）	1.535	40°39′	40°—45°	43°
石英（Quartz）	1.544—1.553	40°20′	40°—45°	43°
硼铍矿（Hembergite）	1.550—1.630	40°10′	40°—42°	40°—43°
普通辉石（Augelite）	1.570—1.590	39°31′	40°—42°	43°
绿柱石（Beryl）	1.575—1.583	39°13′	40°—42°	43°
菱锰矿（Rhodochrosite）	1.597—1.817	38°48′	40°—42°	43°
阳起石（Actinolite）	1.610—1.635	38°42′	40°—42°	40°—43°
葡萄石（Prehnite）	1.615—1.645	38°25′	40°—42°	40°—43°
透闪石（Tremolite）	1.610—1.635	38°42′	40°—42°	40°—43°
异极矿（Hemimorphite）	1.614—1.636	38°29′	40°—42°	40°—42°
硅灰石（Wollastonite）	1.616—1.631	38°23′	40°—43°	42°
黄玉（Topaz）	1.619—1.627	38°15′	40°—43°	39°—40°
菱锌矿（Smithsonite）	1.621—1.849	38°10′	40°—43°	39°—40°
碧玺（Tourmaline）	1.624—1.644	38°01′	40°—43°	39°—40°
天青石（Celestite）	1.625—1.635	37°58′	40°—43°	39°—40°
赛黄晶（Danburite）	1.630—1.636	37°50′	40°—43°	39°—40°
红柱石（Andalusite）	1.634—1.643	37°44′	40°—43°	39°—40°
磷灰石（Apatite）	1.642—1.646	37°31′	40°—43°	39°—40°
橄榄石（Peridot）	1.654—1.690	37°11′	40°—43°	39°—40°
顽火辉石（Enstatite）	1.658—1.668	37°5′	40°—43°	39°—40°
锂辉石（Spodumene）	1.660—1.676	37°2′	40°—43°	39°—40°
柱晶石（Kornerupine）	1.667—1.680	36°51′	40°—43°	39°—40°
透辉石（Diopside）	1.675—1.701	36°39′	40°—43°	39°—40°
斧石（Axinite）	1.678—1.688	36°34′	40°—43°	39°—40°
黝帘石（Zoisite）	1.691—1.704	36°15′	40°—43°	39°—40°
紫苏辉石（Hypersthene）	1.695—1.710	36°9′	40°—43°	39°—40°
符山石（Idocrase）	1.715—1.720	35°40′	39°—43°	39°—40°
蓝晶石（Kyanite）	1.716—1.731	35°38′	39°—43°	39°—40°
尖晶石（Spinel）	1.718	35°35′	37°—40°	39°—42°
蓝铜矿（Azurite）（硝）	1.730—1.840	35°18′	37°—40°	40°—42°
钙铝榴石（Grossularite）	1.735	35°11′	37°—40°	40°—42°
绿帘石（Epidote）	1.736—1.776	35°10′	37°—40°	40°—42°
方镁石（Periclase）	1.737	35°8′	37°—40°	40°—42°
镁铝榴石（Pyrope）	1.746	34°56′	37°—40°	40°—42°
金绿玉（Chrysobeyyl）	1.746—1.755	34°56′	37°—40°	40°—42°
蓝锥矿（Benitoite）	1.757—1.804	34°41′	37°—40°	40°—42°
刚玉（Corundum）	1.762—1.770	34°34′	37°—40°	40°—42°
独居石（Monazite）	1.785—1.840	34°4′	37°—40°	40°—42°
铁铝榴石（Almandite）	1.790±0.030	33°57′	35°—37°	40°—42°
锰铝榴石（Spessartite）	1.810	33°32′	35°—37°	40°—42°
钙铁榴石（Andradite）	1.888	31°59′	35°—37°	40°—42°
钙铬榴石（Uvarovite）	1.863	32°28′	35°—37°	40°—42°
锆石（Zircon）	1.925—1.984	31°17′	35°—37°	41°—42°

表 2-4（续）

宝石名称（英文名）	折光率	临界角	冠部角	亭部角
榍石（Sphene）	1.900—2.050	31°45′	35°—37°	41°—42°
白钨矿（Scheelite）	1.918—1.934	31°25′	35°—37°	41°—42°
锡石（Cassiterite）	1.995—2.995	30°4′	35°—37°	41°—42°
立方氧化锆（Zvrconia）	2.15—2.18	27°43′	35°—37°	41°—42°
闪锌矿（Sphnalerite）	2.370	24°57′	34°—37°	41°—42°
钻石（Diamond）	2.417	24°26′	34°—35°	41°
锐钛矿（Anatase）	2.488—2.561	23°41′	34°—35°	40°—41°
金红石（Rutile）	2.616—2.903	22°28′	30°—40°	37°—41°
玻璃（Glass）	1.440—1.900	43°58′	40°—50°	40°—43°
塑料（Plastic）	1.460—1.700	43°13′	40°—50°	40°—43°
黑曜石（Obsidian）	1.480—1.520	42°30′	40°—50°	40°—43°
合成水晶（Syn. Quartz）	1.544—1.553	40°20′	40°—50°	43°
合成祖母绿（Syn. Emerald）	1.563—1.566	39°46′	40°—45°	40°—43°
合成尖晶石（Syn. Spinel）	1.730—0.010	35°18′	37°—40°	39°—42°
合成刚玉（Syn. Corundum）	1.762—1.770	34°34′	37°—40°	39°—42°
人造碳化硅	2.650—2.693	22°10′	34°—35°	40°—41°
人造金红石（Syn. Rulite）	2.616—2.903	22°28′	34°—35°	40°—41°

①增加腰部直径。这会使台面变大，冠高降低（图 2-34a）；

②增加腰部厚度（图 2-34b）；

③增加亭角，可使亭厚度增加（图 2-34c）。

这些增重法都是不得已而为之，不可滥用。其他琢型宝石（如凸面型）的增重方法与之类似，无非是腰部直径和厚度的增加。

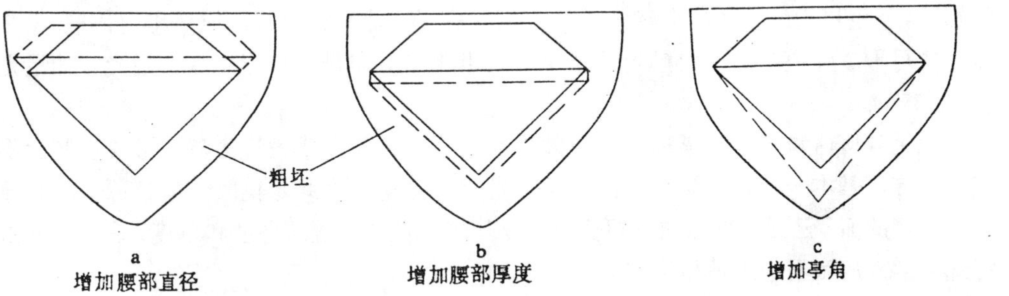

图 2-34 增加宝石重量的三种方法

（4）特殊光学效应和琢型　大多数具有特殊光学现象的宝石是半透明的，少数为透明的，因而所用琢型以凸面型为主，有时也用珠型和刻面型。这主要是因为只有弧面才能突出表现大多数的特殊光学效应，刻面型难以做到这一点。当然变石和欧泊例外，它们采用什么琢型，主要与加工习惯和消费者的爱好有关。欧泊多设计为扁平的单凸式琢型或平的薄片。有时也可以采用简单的阶梯式琢型，但不留亭部，只有一个底平面。变石的透明度要是高的话，就可以采用刻面型，若透明度较低且内部具有显微管束状构造，则可采用凸面型琢型。对这两种宝石，有时要注意变彩或变色较明显的面，把它作为琢型顶面。

除了上面两种宝石外，其他的特殊光学效应现象都有方向性，这在实际设计中，就存在一个如何定位的问题。所谓定位，就是确定能使特殊光学效应达到最佳效果的方向，并将此方向作为琢型弧顶面的轴向。下面分别讨论不同特殊光学效应的定位（定向）问题。

猫眼效应　此光学效应要求采用凸面型来实现，一般用单凸面型，腰形为圆形、椭圆型，其定位比较简单，根据猫眼光产生的原理，使琢型底面平行于纤维状构造（或显微管束构造）方向，且腰形长轴与纤维方向垂直（图 2-35a）。为了使猫眼光细且活，凸面厚度可以适当大些，使凸面曲率变大，以便于反射光集中于一个窄条带区内，形成清晰明亮、活灵活现的猫眼光带。

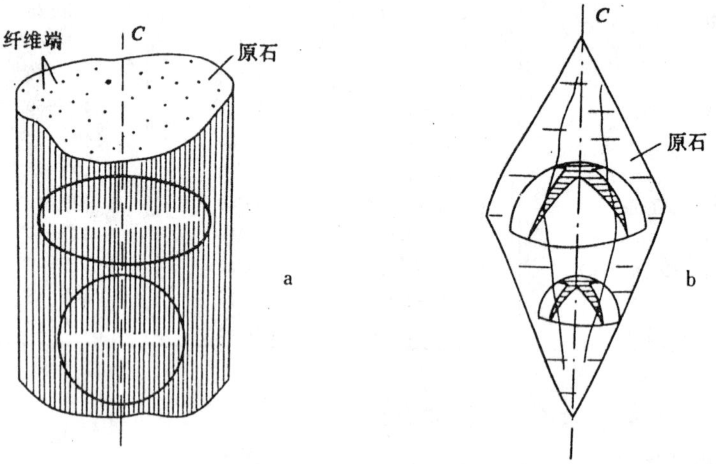

图 2-35　猫眼石（a）和星光蓝宝石（b）的定位

星光效应　绝大多数星光显著的方向是宝石的 c 轴方向，这是因为受宝石晶体结晶习性的影响，产生星光的显微管束状包裹体都沿垂直于 c 轴的方向有规律地排列，一般沿 2 个方向排列的可形成 4 道星光，如星光辉石宝石。沿 3 个方向排列可形成 6 道星光，如星光蓝宝石（图 2-35b）。

金星效应、拉长石变彩和月光石效应　这三种特殊光学效应虽然在形成机制上不同，但定位的方法基本一样，因为它们都具有某种层状结构，因此定位时，应将琢型的底面平行于层状结构的面，凸面厚度和曲率可大些，以使光线集中，增加亮度和色度。表 2-5 列出了主要特殊光学效应宝石的品种和定位方法。

表 2-5　特殊光学效应的定位及主要宝石品种

特殊光学效应		成　因	常用及流行琢型	定位方法	主要品种
色　变		对光线的透过和吸收由于光源不同而不同	透明者用刻面型，余者用凸面	选择色变强烈的方向为台面或凸面	金绿玉变石、蓝宝石、尖晶石、碧玺、合成蓝宝石等
变彩	欧泊	显微硅质球粒使光线产生衍射和干涉现象	单凸面式或薄片	选择色变强烈的方向为台面或凸面	欧泊、人造欧泊
	拉长石	聚片双晶面使反射光线产生干涉	可用单凸式或平面式，也可用刻面型	单凸式的底面或刻面型的台面平行于双晶面	拉长石、直闪石、人造拉长石

表 2-5(续)

特殊光学效应	成　因	常用及流行琢型	定位方法	主要品种
猫眼	纤维构造或显微平行管束状包裹体的反射而产生的现象	厚的单凸式或双凸式	底面平行于纤维方向和管束包体的排列方向，且腰长轴垂直于纤维方向和包体排列方向	金绿宝石、碧玺、绿柱石、蓝宝石、红宝石、方柱石、透辉石、红柱石、绿帘石、坦桑石、夕线石、透闪石、硅灰石、磷灰石、石英
星光	显微针状，管状包体沿2个或3个方向分布而产生的反射	厚的单凸式或双凸式	底面平行于各方向包体的排列面，即垂直于c轴	红宝石、蓝宝石、海蓝宝石、石榴石、石英、尖晶石、合成蓝宝石、红宝石
金星	微细的片状包体成层分布而产生的反射光	单凸式	底面平行于微细片状包体所构成的面	钠长石、奥长石、石英
月光石	聚片双晶或不同折光率长石的层状结构而产生的光的反射及漫反射现象	单凸式、珠型	底面平行于双晶面或层状构造的层面	钠长石、奥长石、正长石、石英
珍珠	珍珠表层微细片或叠瓦状构造而使光产生光干涉的现象	天然珍珠形状		珍珠、贝壳

(5)琢型的造型艺术美　琢型的造型艺术美主要是指宝石成品(首饰石)的形态美(简称形美)。它以宝石的质美为前提条件，没有质美的形美毫无价值。而形美又是质美充分表达的主要条件之一。因此造型设计强调形美和质美的统一、和谐。

对琢型的选择，要求在充分表现宝石质美和不改变宝石内在属性的前提下，尽量采用当前流行的琢型式样和习惯用式样。

当然，对琢型形美的认识和感受往往因人而异，大多数人喜爱规整的几何对称式样，因为其点、线、面规则有序，层次分明，给人以清晰、流畅、节奏的美感。但也有人追求一种变化怪异、神秘莫测的自然美，喜欢随意型式样。这些就给设计和加工者提出了很高的要求，不仅要懂得顾客的消费心理，还要了解他们的美学心理。

4. 瑕疵

宝石中的瑕疵包括各种气、液、固体包裹体，裂纹、裂理及其他缺陷，它是影响宝石价值的重要因素之一。在宝石设计中，瑕疵问题是最令人头痛的事，但设计中又必须加以妥善处理。

如何正确合理地处理瑕疵，是比较复杂的，不是几句话能讲清楚的。因为瑕疵的表现多种多样，有大、有小，有深、有浅，有的影响大，有的影响小，处理的难易程度相差很大，没有一种固定的程式可解决所有瑕疵问题。只能遵循尽量把瑕疵的影响降低到最低程度的原则。而要做到这一点，需要综合考虑宝石的重量、颜色、琢型等各方面因素，最终选择一个能充分体现宝石价值的最佳方案。

在对瑕疵处理的设计中，一般应注意以下几点：

(1)尽可能在原石设计中避开瑕疵，或使瑕疵在随后的琢磨中可以被琢磨去；

(2)若原石有大而深的破裂(解理面、裂理或裂纹)，那么，应首先沿此破裂面将原石剖开，再行设计。对细小裂纹，应尽量不留在设计坯型的内部，因为内部裂纹往往会使宝石在加工中发生突然的碎裂。因此，宁可使宝石重量损失一点，也不要保留深部或内部的裂纹。但若裂纹微细短浅，且无法完全去掉时，应尽量将其置于宝石内影响质美比较小的位置，如腰部附近；

(3)当瑕疵较多，又无法同时除去时，可以考虑“避重就轻”或“留小除大”(即留下影响小的，除去影响大的)；

(4)原石中的脏点(颜色较深的包裹体)若实在无法除去时，应尽量将其置于对宝石美观影响不大的部位，如腰部附近或上下腰小面附近(图 2-36)，这样一则可以借以后的镶嵌之机作掩盖，二则可以避免多重映射现象。当然，最好不要靠近台面，因为太显眼。更不要留在亭部底端附近，以免由于翻光面多次反射而产生“满天星”的不良后果。

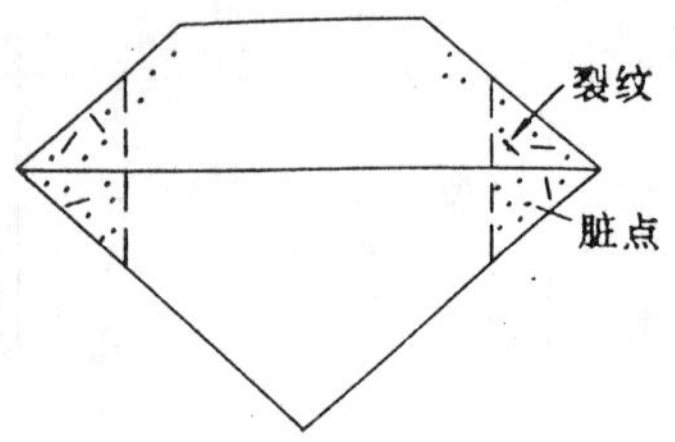

图 2-36 瑕疵的处置位置

三、设计步骤

1. 宝石原石的审查

在宝石设计之前，应该首先对原石进行认真细致全面的审查，这是必不可少的先期工作。审查的目的主要是搞清原石的性质和特点，找出宝石原石有哪些外在和潜在的美的品质，以便在设计中能充分发挥这些品质。

审查的具体内容如下：

(1)原石定名　即确定宝石原石名称。定名可以根据矿物学和岩石学的基本知识进行鉴定，必要时可以借助一些简单的鉴定工具或仪器，如硬度笔、比重仪、折光仪、二色镜、放大镜、聚光袖珍手电筒等。一般对某些高档宝石，自己鉴定没有把握时，可以送到专门的宝石鉴定机构去鉴定。定名中不要轻信宝石原石推销商的话，以免上当受骗；

(2)原石形状　原石形状有时是造型设计的基础，特别是高档宝石。原石形状的审查除了原石自然形状外，更重要的是要估计一下可用部分的形状，这比较难，但通过实践摸索，是可以较准确地估计出来的；

(3)原石重量　这主要为设计和加工中计算成品率提供一个基本参数；

(4)原石颜色　包括原石的色彩、色度、色调、多色性、色形等都应该有比较准确的认识，这样在设计中才能做到“心中有数”；

(5)原石的光学性质　主要了解原石的透明度、折光率、色散、有无特殊光学效应；

(6)原石的瑕疵　包括瑕疵的类型、大小、形状、分布、位置和方向。其中对破裂面应注意区分是解理面、裂理，还是裂纹，并注意它们的方向变化和延深情况。

原石审查常用的方法有 2 种：①浸润观察法；②强光照射观察法，有时还需要采用简单的辅助审查工艺，如切割、磨削等。

浸润观察法比较简单易行，它不仅能使原石表皮的微细构造显现出来，而且可以使原石内部的结构构造也变得易于观察。该方法的具体作法就是把某种液体(通常用水)喷撒在原石表面，使之润湿，然后就可以观察了。也可将原石浸没在盛有液体的玻璃杯中进行观察。用于浸润原石的液体最好是其折光率与原石相近，这样可以消除原石表面的“皮”或杂质所产生的视觉干扰，也可以消除由于原石包裹体与观察者之间的某种光学放大(或缩小)及映射所造成的视觉误差。常用的浸润液体可参见表 2-6。

表 2-6 常用的几种浸润液

浸润液体	折光率	适用的宝石类型
甘油,橄榄油	1.47	莹石、蛋白石
甲苯或二甲苯	1.49	黑曜石、方钠石、方解石
丁香油	1.54	堇青石、鱼眼石、石英、长石
大茴香油	1.55	长石、石英、绿柱石类
一溴化苯	1.56	长石、石英、绿柱石类
三溴甲烷	1.59	菱锌矿、阳起石、黄玉、绿玉、透闪石、硅灰石
一碘化苯	1.62	黄玉、碧玺、天青石、赛黄晶、红柱石
一溴化萘	1.66	磷灰石、橄榄石、辉石类、斧石、透辉石、黝帘石
三碘甲烷	1.74	红宝石、蓝宝石、金绿宝石、石榴石、锆石、钻石

浸润观察法对无色或浅色的透明宝石原石审查比较有效,但对于半透明—微透明宝石或色深的宝石原石效果不明显,此时可采用强光照射观察法,以增强透过原石的光线强度,使其内部结构构造和瑕疵变得清楚可辨。若把浸润法与强光照射法结合起来使用,则效果会更好。

许多宝石原石往往有无用的"外皮",它妨碍了对原石内部的观察,例如翡翠就常有此现象。此时,可以用切割方法除去一部分"皮",俗称"开窗子",但不能损伤原石中有用的部分。必要时,也可以沿横穿原石比较深的大裂面把原石剖开。去"皮"不求干净,只要能做到观察内部结构即可。

另外,为了判别某些宝石是否具有特别光学现象,常要采用一些特殊审查方法:①切磨制备薄片,在显微镜下观察是否有出现特殊光学效应的显微构造。所切的薄片应是原石不重要的部分。但要有代表性,还要注意切片方向。②试验法,即从不同定位方向琢磨成不同的琢型或同一种琢型。最后选定一个方向。此法虽然可靠,但浪费较大,对高档宝石要慎用。

2. 设计方案及方案的选择

对宝石原石进行认真仔细审查研究后,就可以确定设计方案了。方案的设计应按前面所讲的设计原则和设计要求进行。一般来说,小粒原石设计相对较简单,因为它只设计成一颗宝石产品。大块原石的设计较复杂,因为受其性质和市场需求的影响,常常可以有多种设计方案,如图 2-37 所示,有 3 种设计方案。那么究竟选用哪一种方案较好呢?这要具体情况具体对待。通

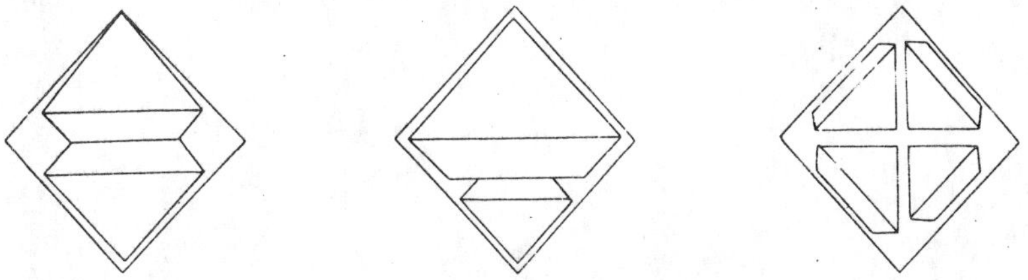

图 2-37 同一材料的不同设计方案

常情况下,若几种方案都有相同或相近的美学价值时,选用能产生最大商品价值的方案。这就要通过计算来进行选择。计算时应注意综合考虑各方面的因素和综合效果。当然,这样的计算实际上是一种估算,且大多数情况下只能对重量进行估算。只不过有经验的设计师估算准确

些，误差小，初学者估算误差大些。为了减少误差，可以在原石上划辅助线，以帮助估算。对于珍贵的高档宝石，若没有把握的话，还可以采用模拟试验的方法来选择设计方案。即通过制作模拟块，进行试琢磨，从中评判各方案的优劣。

综上所述，宝石设计是一种复杂而又灵活多变的创造性劳动，它要求设计人员既要有扎实系统的宝石学和宝石加工知识，又要有丰富的宝石鉴定和宝石加工的实践经验。同时，还要求设计者对宝石市场的供需状况、价格和流行琢型款式有较准确地了解。

冰冻三尺，非一日之寒。同样，掌握好宝石设计的方法和技巧，也不是短期能做到的。只有长期坚持理论与实践相结合，潜心摸索，大胆创新，积累丰富经验，才能真正掌握设计的基本规律，提高设计水平。

第三章　宝石加工工艺特点、加工设备和工艺材料

第一节　宝石加工工艺特点

一、概述

宝石加工就是实现宝石设计的实际操作过程，具体地说，就是指借助某种手段和设备，将宝石原石琢磨成精美的具美学价值和商品价值的工艺品。

宝石加工工艺的产生和形成经历了数千年的沿革，它是随着人们对宝石性质和价值的认识加深，以及社会生产力水平和科学技术水平的提高而逐步发展完善起来的。最初，人们可能只是直接利用宝石的天然之美，来做装饰品，不加任何雕琢。但天然宝石原石毕竟缺陷颇多，若能稍加打磨，就会面目一新。于是初期的工艺就产生了，并随着生产力水平的提高，加工工艺日益走向完善。工业革命后，机械的大量使用，解除了宝石加工上原有的繁重劳动，提高了加工工艺水平和加工效率，宝石加工的社会化、标准化和机械化程度越来越高，这就为满足人们对珠宝首饰的需求的增长和多样化要求提供了条件。

二、宝石加工工艺的特点

1. 工艺技术的本质

宝石加工都是通过琢与磨这两道基本工序完成的，就加工工艺的本质而言，属减法出造型。所谓“琢”，即切开，也就是将宝石原石中不需要的部分切去或将大块原石分割成所需的小块，同时又要为后面磨的工序留下一定的加工余量。“磨”即指磨削，这也是去除余料，所不同于“琢”的地方，主要是技术方法不同。“磨”包括倒棱、圈形、粗磨、细磨和抛光等主要工序。

琢磨的减法必须是渐近的、准确的，减量逐渐减少趋零，减多或减少都不会出现高质量的成品，严重者可能会浪费原料。因此，工艺技术是表现宝石设计思想的手段，其水平高低直接影响到设计能否得到完整、准确实现的关键。

2. 宝石加工的手工艺性

由于宝石加工对象——宝石原石的特性，有时使得宝石加工很难大批量生产一模一样的产品，特别是中高档宝石，成品的重量和造型很大程度上由宝石原石的大小、形态和其他性质所决定。一块原石往往只能加工出一粒或几粒不同的成品，而另一块原石所加工的成品则完全不同（无论在大小、重量和琢型比例上），因此，宝石加工中人的手工操作十分重要，无论是琢的工序，还是磨的工序都缺少不了手工的控制和调节。当然，对于人造宝石和低档大块宝石原石，已可以进行标准化大批量生产首饰石。

目前国内宝石加工企业或个体作坊，手工操作占很大比例，因此对加工者手工艺技术水

平的依赖很大。如何提高机械操作比例，减少手工操作，成了各厂家要解决的问题。虽然完全用机械制作代替手工是难以做到的，但尽量减少手工操作，既是提高加工精度和质量的需要，也是提高劳动效率、降低成本的需要。

3. 不同宝石种类的加工工艺技术有所不同

由于宝石原石的种类不同，因而有性质、质量的差异和价值的高低之分，加工方法也就有所不同，便形成了专门的工艺技术门类，如钻石加工工艺（专用于钻石的琢磨）、中高档宝石加工工艺、低档宝石和人造宝石加工工艺（自动化程度高，标准化大批量生产）、珍珠加工工艺等。当然所有这些不同的工艺，就其加工本质而言都是一样的，都离不开琢与磨，不同之处，主要是具体的工艺技术方法和精度要求不同而已，从而所使用的设备、切磨工具、磨料等也有所不同（后面专述）。

4. 造型不同，对工艺技术的要求也不同

前面已论述过，宝石设计必须依据宝石的美学性质和商品价值而定。同样，宝石加工必须使工艺技术完整、准确地反映设计方案，也就是说不同造型的宝石给工艺技术限定了范围，如刻面型宝石的加工必须使用刻面型加工工艺，凸面型宝石必须用凸面型宝石加工工艺，珠型宝石须用珠型加工工艺等。

工艺技术除了要展现宝石美的品质外，同时也要塑造出精美的造型，因此宝石加工工艺技术是反映宝石品质美和塑造造型美的综合技术。

三、宝石加工人员的技术要求

（1）要掌握各种宝石的性质和加工性能；

（2）熟练掌握各种加工设备的结构、操作方法和使用范围；

（3）熟练掌握不同种类宝石的工艺流程、操作规程和技术方法；

（4）能准确无误地理解宝石设计方案，并准确地通过工艺操作来实现设计意图；

（5）能对产品的质量和价值作出较准确合理的估价。

第二节 宝石加工的常用设备

宝石琢磨必须借助于一定的机器设备和专用工具。早期的琢磨设备比较简陋，动力主要是人力，工效极低。例如中国古代的一种泥沙锯（图 3-1），以脚踩带动轴和锯片作往复转动，从而达到切割目的。现代琢磨设备都以电动机为动力，不仅工效大大提高，而且劳动强度也大幅度下降。同时，由于机械化程度高，现代琢磨设备的精度和功用都是旧设备所无法比拟的。

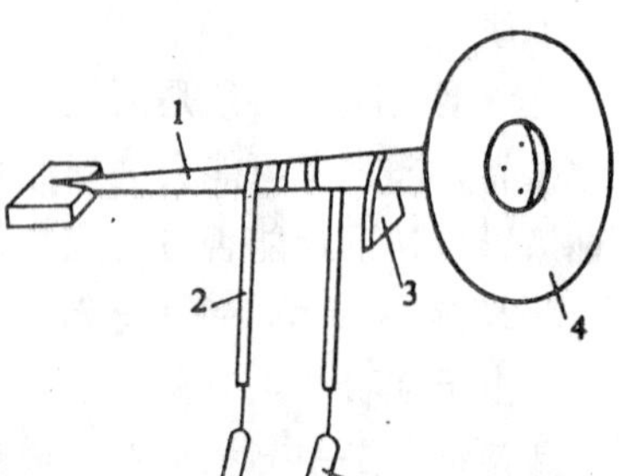

图 3-1 中国古代泥沙锯结构略图

1. 木轴；2. 皮带；3. 前轴承；4. 圆锯片；5. 踏板

为了适应宝石加工社会化生产的需要，宝石琢磨中的工序划分越来越完善，各工序的专业化程度越来越高，与之相适应的设备种类也愈来愈多，各工序所用的设备成龙配套，构成了能进行大批量生产的流水作业线。另外，由于宝石本身的罕见性，许多中高档宝石难以进行大批量标准化生产，这就为个体加工者和中小加工企业提供了机会，为了适合他们的需要，一机多用的组合加工设备应运而生。目前亚洲几个重要的珠宝加工业发展的国家和地区（泰国、印度、香港）都是大批量生产和个体加工相结合，这是世界珠宝加工业发展的趋势。

宝石加工设备种类虽然繁多，但根据其在加工中的作用，可分为以下几大类：

1. 切割设备

切割用设备主要用于宝石原石的分割工序，其作用有：①分割原石，把大块料分割成小块料；②预形，即把毛料修整为初步的造型（毛坯）。据此切割设备又可分为下料机和修整机。

(1) 下料机结构和主要部件　下料机目前常用的有两种：①开石机，主要是用于分割大块的原石（几十—几百公斤），其结构比较简单（如图 3-2），主要部件有：钢质主动轴和轴承、冷却装置、支撑和进料装置、防溅罩，其动力源是电动机，一般用三角皮带和主动轴一端连接，主动轴另一端用于装片，锯片由法兰盘固定。②切块机（切片、切条、切粒），体积比开石机小，主要是把中等大小原石切割成片、条、粒等小块毛料，其结构与开石机类似。下面分别介绍下料机各主要部件特点：

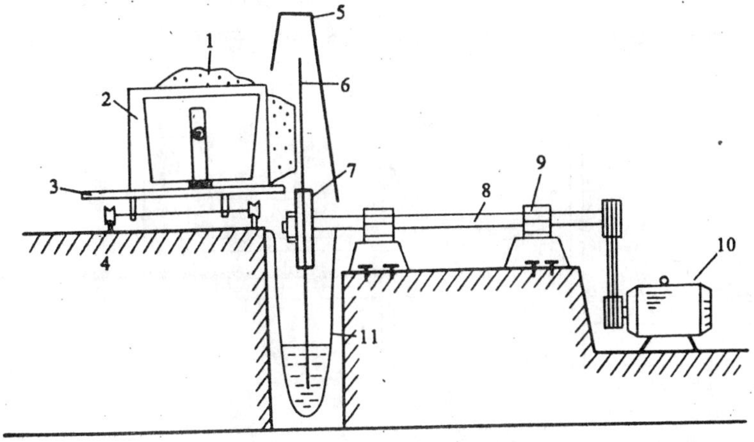

图 3-2　开石机结构示意图

1. 原石；2. 原石夹；3. 托架；4. 滑机；5. 防溅罩；6. 锯片；7. 法兰盘；8. 主动轴；9. 轴承；10. 电动机；11. 砂浆槽

主动轴和轴承　下料机的主动轴通常要求较粗，因为下料机所切割的原石块度大，切割深度也较大，因而原石与锯片的接触面大，相互作用力很大，轴细了容易发生弯曲，降低了锯割的稳定性。主动轴直径的大小由所配锯片的大小决定，开石机所带锯片一般在 400—900mm，其轴的直径应不小于 30mm；切块机锯片一般为 300—450mm，其轴直径在 20—30mm 之间。

与下料机主动轴配套的轴承一般使用滚珠轴承，因为滚珠轴承耐磨性好，强度大，可以保证主动轴稳定转动，不偏离轴线。

另外，夹紧锯片的法兰盘直径大小也视锯片大小而定，开石机的法兰盘直径一般不小于 80mm，切块机所用的法兰盘直径可在 50—80mm 之间。

冷却装置　①开石机冷却装置有两种：(a) 若其锯片使用的是散粒磨料，则其砂浆槽作为冷却装置，即可供应磨料，用于切割，又可冷却锯片。(b) 若锯片使用固着磨料的钻粉锯片，则其冷却装置是一带喷嘴的冷却水循环装置。②切块机的冷却装置多采用冷却箱，锯片下端浸没于冷却液中，浸没深度一般为 6—12mm，锯片转动就可把冷却液带入切割区域进行冷却（见图 3-3）。

托石架和原石夹　①开石机所切割的原石块度比较大，一般要用带滑轨的托架送料进锯，滑轨平行于锯片面。开石机进料可用绳索拉动托架使之滑向锯片，也可用一小功率电动机控制托架进料。开石机的原石夹用铁板角铁做成，里面衬有橡胶面（防原石滑动）。②切块机的托架有铰链式和滑杆式 2 种（图 3-4）。托架移动或用手拉，或用重力推进，有时还用螺杆旋动推动托架。原石夹也与开石机相似，由两片铁板构成，螺栓固紧。切块机托架下除了径向滑动装置外，有时还带有横向移动装置，这主要是为了在每次进料完成之后，可以横向移动，继续进料，而不必每次都要松开原石夹，重新调整原石。

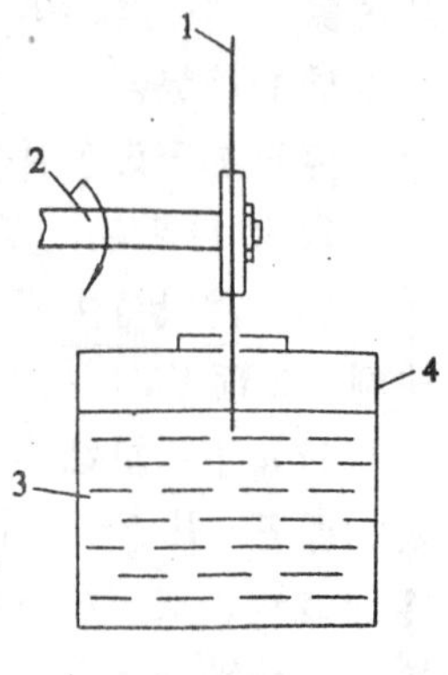

图 3-3　浸润法冷却

1. 锯片；2. 主轴；3. 冷却液；4. 冷却箱

(2). 修整机的结构和主要部件　修整机主要用于小石（珍贵宝石）切割和毛料的修整，因而结构更简单（见图 3-5）。主要部件为主动轴、轴承、冷却箱、载石台和防溅罩。

修整机的轴承有 2 种，一种是滚珠轴承，另一种是套筒轴承，前者用得较多，后者有时也用。主动轴直径在 12—15mm 左右，锯片法

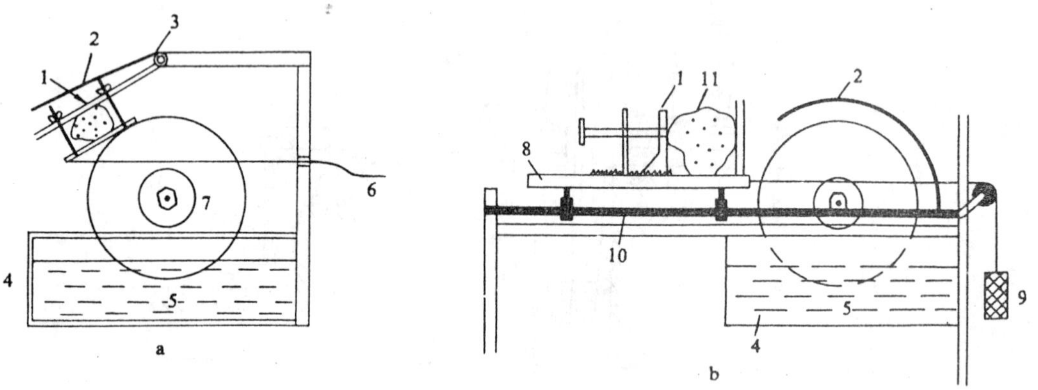

图 3-4　切块机托架和原石夹装置简图

1. 原石夹；2. 防溅罩；3. 铰链；4. 冷却箱；5. 冷却液；6. 绳；7. 锯片；8. 托架；9. 重锤；10. 滑杆；11. 原石

兰盘直径 30—60mm，有时薄锯片的法兰盘直径可占锯片直径的 3/5。

修整锯冷却装置一般用冷却箱（槽），锯片一部分浸没于冷却液中。

另外，修整机切割小石，手持就可进行，一般不用托架和原石夹，但有载石台（多用紫铜制作），平台一侧开有一窄缝，供锯片插入，并不妨碍锯片转动。载石台的作用是在手持切割小石或修整毛料时，支撑小石或毛料。

当然，有些小型的切块机，在取掉托架和原石夹后，也可当修整机使用，只是所用锯片直径较小、厚度较薄而已。

2. 磨削设备

磨削设备主要作用是磨削宝石，使之出造型，它是宝石加工中重要工序所必不可少的设备。其种类比较多，根据磨削方式和磨具不同，可分为 4 种：轮磨机、盘磨机、带磨机和滚磨机。

(1) 轮磨机　轮磨机的主要功用是给宝石倒棱和圈形，即磨削宝石毛坯成造型雏型。其主要部件有转动主轴、轴承、防溅罩和载石台。所用磨具是砂轮。

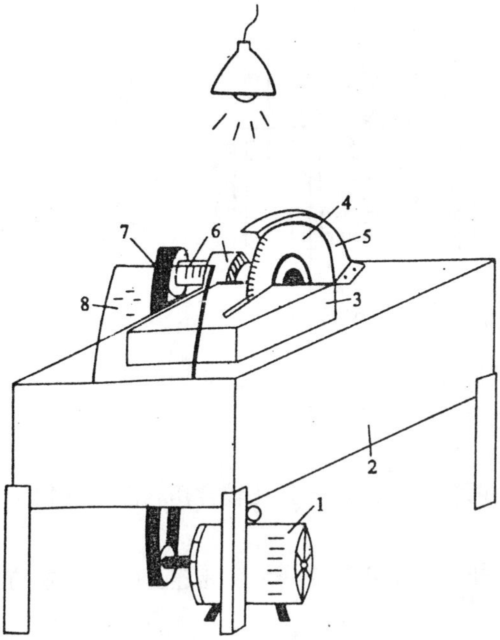

图 3-5 修整机

1. 电动机；2. 冷却液箱；3. 载石平台；4. 锯片；5. 防溅罩；6. 轴承和主动轴；7. 皮带轮和皮带；8. 有机玻璃防溅板

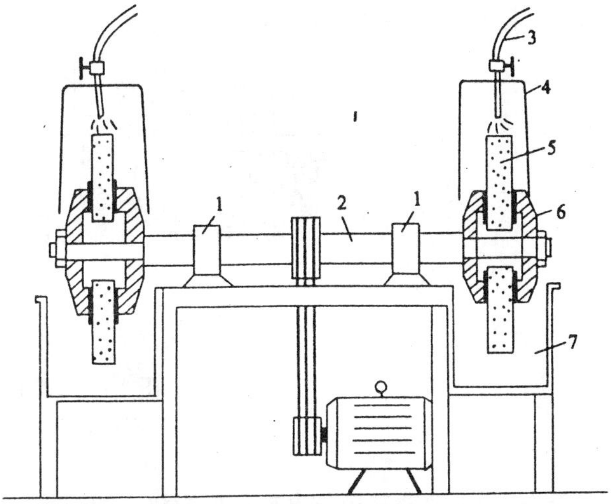

图 3-6 轮磨机的结构简图

1. 轴承；2. 主动轴；3. 冷却水管；4. 防溅罩；5. 砂轮；6. 法兰盘；7. 水槽

轮磨机单的结构十分简单，只需一主动轴和轴承，与电动机连接，就构成了机主体，冷却装置采用喷淋法。图 3-6 表示了轮磨机的基本结构。

轮磨机有砂轮机、双砂轮机和多砂轮机，最常见的是双砂轮机，其主动轴一端装粗砂轮，另一端装细砂轮，中间安装皮带轮与电动机相连（图 3-6）。这是因为：①可以使轮磨机转动时达到平衡，减少振动；②磨削工序之需要，一般磨削都有粗磨和细磨之分。

轮磨机的主动轴和轴承要求有较高的抗形变强度，稳定性好，这是为了确保砂轮转动时能平稳，减少振动和摆动。因此砂轮的轴与砂轮也应配套，通常直径小于 300mm 的砂轮的轴，直径不应小于 30mm。主轴过小，不仅使砂轮振动增大，而且使砂轮磨损加快，磨削效果也不佳，安全系数减小，因而宁可使轴粗些，也不要用小轴配大轮。

装砂轮用的法兰盘大小也有一定要求，原则上也是砂轮直径越大，法兰盘直径也越大，通常法兰盘直径应不小于砂轮直径的 1/3。

轮磨机都带有防溅罩和水槽。防溅罩一般比较坚固，围住砂轮的后部和上部（除工作面外），目的有 2 个：①防冷却液飞溅；②防止砂轮万一破裂飞出伤人。水槽在砂轮下部，用于盛从砂轮上飞溅出的冷却液，其底有排水孔，可随时排除冷却液及磨屑。

轮磨机的冷却给水装置多安装在防溅罩顶部，直接穿过防溅罩向砂轮喷淋冷却液，冷却液用量可用水龙头控制，也有的轮磨机采用吸水性好的毛巾一端搭在砂轮上，一端固定于防溅罩上，同样可以起冷却砂轮作用。

（2）盘磨机　盘磨机多用于磨削平面，如刻面型宝石和宝石的各种平面，也可以出弧面造型，如珠型宝石和凸面宝石。盘磨机结构也很简单，它与轮磨机的部件相似，所不同的是轮磨机主动轴是水平安装的，磨削面是竖直的，而盘磨机主动轴则是垂直方向的，磨削面却是水平方向的。其主要部件有主动轴、轴承、防溅盆（图 3-7）。

盘磨机的主动轴与电动机连接方式有 2 种：①主动轴通过皮带轮与电动机轴相连（图 3-

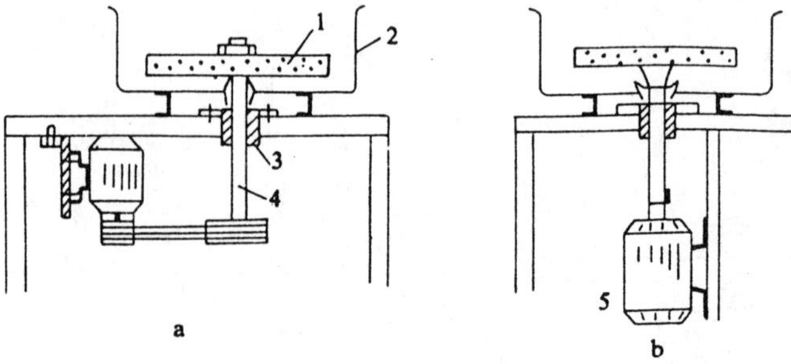

图 3-7　盘磨机结构简图

1. 砂盘；2. 防溅盆；3. 轴承；4. 主动轴；5. 电动机

7a)；②主动轴直接与电动机轴对接（图 3-7b)。这两种方式以前一种比较常用，因为其稳定性和防震性均比后者好。

盘磨机的冷却装置一般是滴水管供水，上方可挂一盛水容器与滴水管相连。排水可在防溅盆底部开小孔，用胶皮管导出。

盘磨机配备不同的辅助装置或工具，就可以有不同的用途，如若装上刻小面型宝石的机械手工作头及其托架，就可以磨削小面宝石；若装上曲面砂盘就可以磨凸面型宝石；若装上仿形架，则可以给宝石圈腰形。这些在后面将分别介绍。

（3）带磨机　带磨机的磨具是砂带，主要用于磨削宝石的各种弧面。因其磨削时，磨削面大，故磨削效率较高，目前已用得越来越多。

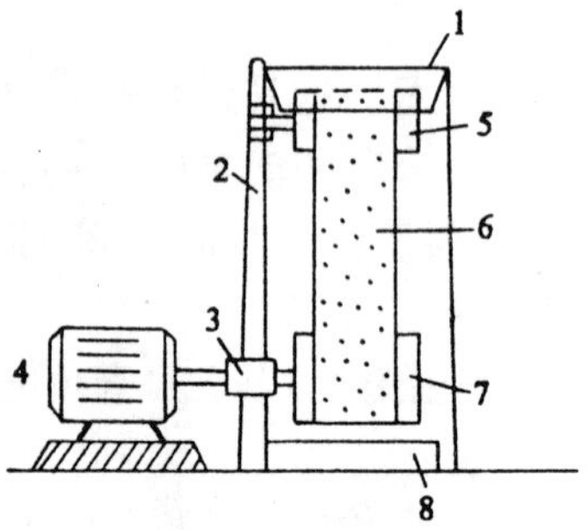

图 3-8　带磨机结构简图

1. 防溅罩；2. 支架；3. 轴承；4. 电动机；
5. 被动轴筒；6. 砂带；7. 主动轴筒；8. 水槽

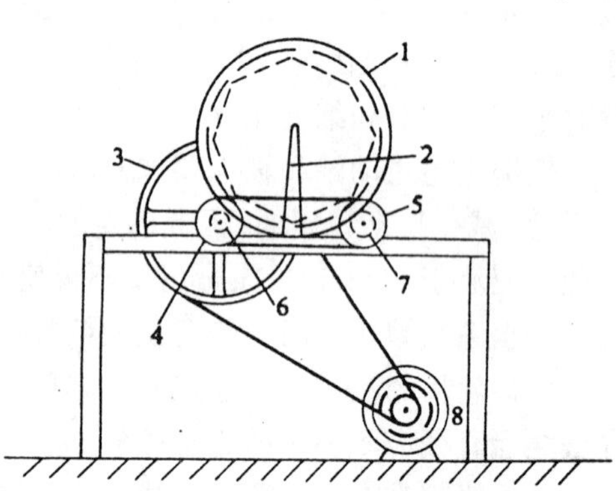

图 3-9　滚磨机结构简图

1. 滚桶；2. 支轴；3. 皮带轮 1；4. 皮带轮 2；
5. 皮带轮 3；6. 主动轴；7. 被动轴；8. 电动机

带磨机主要部件有 2 个轴筒（多用橡皮制成）：①主动轴筒，与电动机连接；②被动轴筒。环状砂带套在两个轴筒上，主动轴筒转动时，靠砂带带动被动轴筒一起转动。其他部件还有轴承、防溅罩、水槽等，这些部件的作用与轮磨机的类似。

为了更换砂带方便，被动轴筒有时在支架上有上下移动装置，这样既可以松动砂带，也可以张紧砂带。

（4）滚磨机　滚磨机主要作用是磨削除去宝石毛坯的棱角，使之变圆滑。其主要部件有滚筒、主动轴和轴承、被动轴等。其结构如图 3-9 所示。滚桶放在主动轴和被动轴上，它靠主动轴的驱动来转动。而主动轴一端用直径较大的皮带轮 1 与电动机连接，另一端的皮带轮 2 与被动轮一端的皮带轮 3 通过皮带相连。被动轴直径与主动轴直径相同，其转速和线速度也与主动轴的相同，它和主动轴一起驱动滚桶转动。

滚桶两端中央有两个支撑轴支撑，以便使其转动平衡。桶内空间为正八面体形，内衬有橡胶板，通常厚约 5—6mm，其作用是为了减少桶壁磨损和噪音。

3. 抛光设备

大多数加工厂家不设置专门的抛光设备，而是用磨削设备更换磨具磨料来替代。因为抛光工序和细磨工序操作规程和方法基本相同。当然也有专门用于抛光的设备，常用的是振动抛光机。

振动抛光机的原理是通过一振动容器的振动，使容器内的坯料与抛光剂相互作用，以达到抛光之目的。振动抛光机的结构图如图 3-10 所示。电动机 4 通过皮带传动装置 5 驱动偏心轮 6，偏心轮使架在支座弹簧 3 上的抛光桶作强迫振动，最终使抛光桶产生水平方向 A 和竖直方向 B 的往复运动。

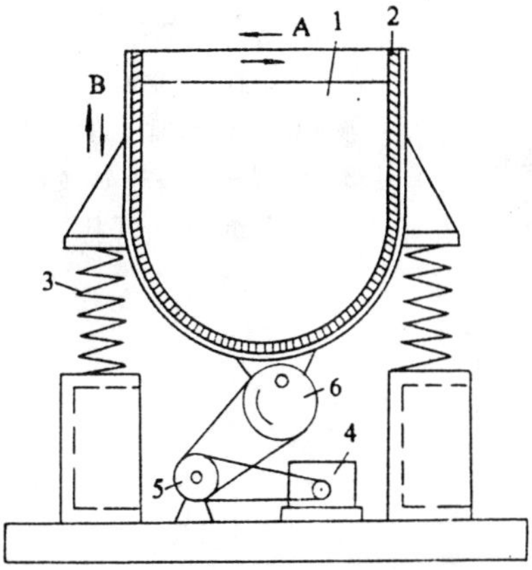

图 3-10　振动抛光机结构简图

1. 抛光桶；2. 橡胶板内衬；3. 弹簧；4. 电动机；5. 皮带传动装置；6. 偏心轮

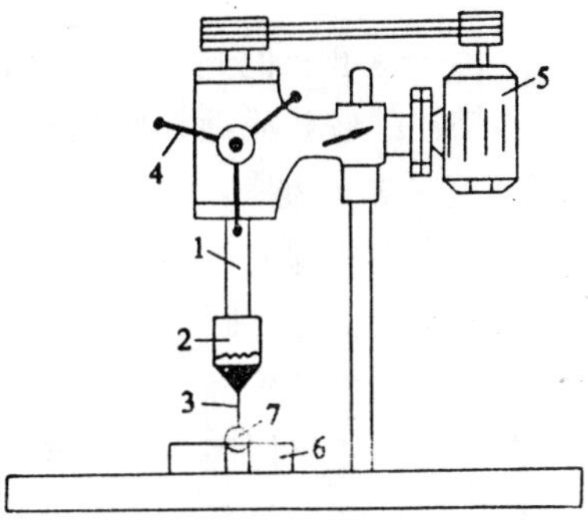

图 3-11　机械钻孔机结构简图

1. 钻动轴；2. 钻头夫具；3. 钻杆；4. 钻杆升降操作；5. 电动机；6. 载石台；7. 圆珠坯

抛光桶内衬有橡胶板，目的是为了减少内壁磨损和噪音。

4. 钻孔设备

钻孔设备不如前三种设备使用的那么广，主要用于珠型和异型宝石的打孔，或珍珠的打孔。目前常用的钻孔设备有 2 种，机械钻孔机和超声波钻孔机。

机械钻孔机的结构如图 3-11 所示。电动机通过皮带轮和皮带驱动钻动轴转动，从而带动钻杆转动，当磨料随钻杆转动时就可以磨削宝石，形成孔眼。钻杆的钻进可以用钻头升降操作杆控制，打穿孔后，可以退出。

超声波钻孔机是近些年才发展起来的新型钻孔设备，它将超声波的电振荡通过放大和转换为同一频率的机械振动来实施穿孔的，其结构如图 3-12 所示。它主要由超声波发生器、振动系统和其他辅助系统构成。其中振动系统由电致伸缩换能器、磁致伸缩换能器、耦合放大杆、变幅杆和工具头几部分组成。换能器的主要作用是把超声波的声振荡能转换成轴向的机械振动，耦合放大杆则是将换能器产生的机械振动传递给变幅杆和工具头，并放大这种振动。变幅杆的作用是扩大振幅。辅助系统包括机身、磨料及冷却液供给系统。①

加工设备除了上面所述的目前常用设备之外，近几年又相继出现了采用新技术装备起来的新型设备，如自动研磨机、激光切割机和打孔设备、超声波切割设备等。这些新设备多采用电子技术、激光技术和计算机技术等。另外，为了提高加工工效，带多头工具的设备也开始被广泛使用，如多刀切割机、多头研磨床和多头钻孔机等。这类设备可以使宝石加工的工效成倍提高，且设备本身的结构也不复杂，因而深受广大厂家的欢迎。

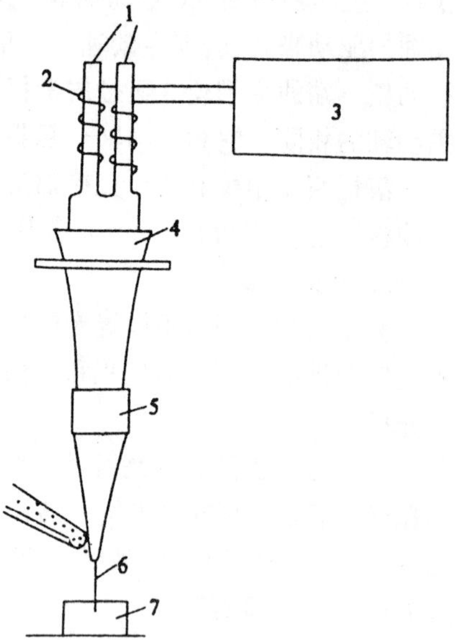

图 3-12　超声波穿孔机结构简图

（据赵新民资料）①

1. 换能器；2. 线圈；3. 超声波发生器；4. 耦合放大杆；5. 变幅杆；6. 工作头；7. 毛坯

第三节　工艺材料

一、磨料

磨料是用于琢磨和抛光宝石的材料，它主要是具有一定硬度和韧性的粒状或微粉状的矿物或矿物集合体。

1. 磨料的基本性能

磨料作为磨削和抛光材料，一般具有下列基本性能：

（1）硬度比被加工材料的高；

（2）有适当的抗破碎强度和自锐性；

（3）在高温下能保持固有的硬度和强度；

（4）粒度和形状均匀；

（5）与被加材料不产生化学反应。

2. 磨料的种类和特点

根据磨料的产出形式，可将其分为天然磨料和人造磨料。从磨料的成分上，可分为三大类：刚玉系、碳化物系和金刚石系。磨料分类如下：

- 磨料
  - 普通磨料
    - 天然磨料：刚玉、石榴石、石英砂等
    - 人造磨料
      - 刚玉系（G）：白刚玉、棕刚玉、单晶刚玉、微晶刚玉、铬刚玉、锆刚玉、烧结刚玉
      - 碳化物系：黑碳化硅、绿碳化硅、碳化硅、立方碳化硅
  - 超硬磨料（金刚石系）
    - 天然金刚石、人造金刚石
    - 立方氮化硼

① 赵新民，宝石加工工艺学，1989年，内部资料。

不同种类的磨料，其硬度（显微硬度）、韧性、脆性、耐磨性、导热性等都不相同，因而其所能磨削的材料的性质也不相同。下面仅介绍几种主要常用的磨料：

(1) 金刚石　金刚石是目前已知最硬的材料，其显微硬度是 10 000kg/mm²。摩氏硬度为 10。金刚石有一定的韧性，同时又有较大的脆性，因而既有较好的耐磨性，又有较高的自锐性。

金刚石还有较高的耐热性，在无氧化的条件下，加热到 1 000℃，不起变化，只有在氧化条件下，在约 900℃时燃烧成二氧化碳。金刚石的化学性质也很稳定，一般情况下，它不受酸碱的腐蚀作用。另外，金刚石具有很小的热膨胀系数，导热性能好。

人造金刚石具有天然金刚石的主要性能，但脆性大。

由于金刚石磨料具有极优良的磨削性能，因而在宝石加工业中，已得到广泛的运用。不过，金刚石最大的缺憾是价格太高，加工使用中，成本较高。为此，在许多中、低档宝石加工中，不采用金刚石作磨料，而用碳化硅或其他磨料。

(2) 碳化硅　碳化硅的硬度比金刚石低，显微硬度为 3 000—3 400kg/mm²，是一种性脆、棱角锋利的磨料，但韧性较低。其切削能力相当于金刚石的 0.28 倍，一般多用于宝石及其原石的切割和磨削。碳化硅的价格较低，是宝石加工中应用最多的一种磨料。尤其是在中、低档宝石加工中用得较多。

(3) 碳化硼 (B_4C)　碳化硼的硬度仅次于金刚石，显微硬度为 4 000—5 000kg/mm²，由于其具有高硬度及较好的耐磨性，故多代替金刚石作为研磨和抛光中、高档宝石的磨料。

(4) 刚玉类磨料　刚玉类磨料在宝石加工中运用不如前三种磨料广，这主要是因为刚玉的韧性较好，耐磨性能好，相应的自锐性就较低。这比较适合于磨削那些高硬强韧性的钢料和合金材料，在宝石中，可用于磨削韧性较大的翡翠、虎睛石等，而对其他宝石，其磨削能力不如金刚石和碳化硅（见表 3-1）。

表 3-2 给出了各种磨料的代号和特点。

表 3-1　三种主要磨料性能对比* 　　* （以金刚石为基准）

磨　料	主要化学成分	显微硬度	导热系数	磨削能力
金刚石	C	1	1	1
刚　玉	Al_2O_3	0.20—0.24	0.012	0.10—0.13
碳化硅	SiC	0.28—0.34	0.027	0.25—0.28

3. *磨料的粒度分级和使用范围*

磨料的粒度就是指磨料颗粒粒径的大小，一般用粒度号和基本粒尺寸表示，其中粒度号有两种不同的表示方法。习惯上，颗粒尺寸大于 63μm 的磨料称为磨粒类磨料（磨具，共 12 个级别），以筛分法测定其粒度。而粒度小于 63μm 的磨料称为微粉类（或磨粉类）磨料（磨具）（共 14 个级别），以显微镜分析法测定其粒度。表 3-3 和表 3-4 只选用了与宝石加工有关的磨料级别。需要说明的是，国内外人造金刚石磨料（磨具）的分级未完全采用表 3-3 的标准，这是历史习惯造成的，目前仍然通用（见表 3-5）。

在宝石加工中，不同粒度的磨料，其适用范围不同。据加工中的工艺要求，可将不同粒度的磨料适用范围列于表 3-6 中。

表 3-2 各种常见磨料的代号及特点

系类	磨料名称	代号 中国 GB2476-83	代号 国际 ISO	代号 美国 卡布伦登公司	代号 日本 R6111-1974	特点
刚玉系	棕刚玉	GZ	A	A. TA	A	棕褐色，显微硬度 1800—2200kg/mm²，韧性大，价格便宜
	白刚玉	GB	WA	AA	WA	白色，显微硬度 2200—2300kg/mm²，韧性比棕刚玉低，Al_2O_3 98.5%以上
	单晶刚玉	GD			SA	白色，浅黄色，显微硬度为 2000—2400kg/mm²，韧性比白刚玉好，$Al_2O_3$98%以上
	铬刚玉	GG		PA	PA	紫红或玫瑰色，显微硬度 2000—2280kg/mm²，韧性较白刚玉高，$Al_2O_3$97.5%以上，$Cr_2O_3$1%—3%
	锆刚玉	GA		RA	ZA	灰褐色，是Al_2O_3与ZrO_2的复合体，显微硬度 1965—2450 kg/mm²
	微晶刚玉	GW		VA	TA	棕褐色，显微硬度 2000--2200kg/mm²，$Al_2O_3$94%—96%，TiO_2 3%—5%，磨粒韧性大，耐磨性高
	烧结刚玉	GS		WA		显微硬度 1700kg/mm²，具较高的韧性
碳化物系	黑碳化硅	TH	C	C	C	黑色，有光泽，显微硬度 3100—3280kg/mm²，SiC 量不少于 98.5%，游离碳≤0.2%，Fe_2O_3≤0.6%，棱角锋利，韧性低，导热性良好
	绿碳化硅	TL	GC	GC	GC	绿色光泽，显微硬度 3200—3400kg/mm²，硬度高于黑碳化硅，磨削力强，自锐性好，导热性良好
	碳化硼	TP				灰黑色，显微硬度 4000—5000kg/mm²，仅次于金刚石和立方氮化硼，耐磨性好
	立方碳化硅	TF				黄绿色，显微硬度 3380kg/mm²，稍高于黑、绿碳化硅，磨削力强
金刚石系	天然金刚石	JT				硬度最高，磨削性能好，韧性好，但价格昂贵
	人造金刚石	JR				无色透明或淡黄色，比天然金刚石磨削能力差，但脆性大
	立方氮化硼	JLD				黑色或淡白色，硬度仅次于金刚石，耐磨性好，发热量小

表 3-3 主要国家磨料粒度粒径对照表（磨粒类）

国际标准		中 国		美 国		日 本		前 苏 联	
ISO		GB2477-83		ANSI (74)		JIS (76)		ГОСТ3647-71	
粒度号	基本粒粒径 (μm)	粒度号	基本粒粒径 (μm)	粒度号	基本粒粒径 (μm)	粒度号	基本粒粒径 (μm)	粒度号	基本粒粒径 (μm)
46#	425—355	46#	425—355	46#	420—354	46#	420—350	32	400—315
54#	355—300	54#	355—300	54#	354—297	54#	350—297		
60#	300—250	60#	300—250	60#	297—250	60#	297—250	25	315—250
70#	250—212	70#	250—212	70#	250—210	70#	250—210	20	250—200
80#	212—180	80#	212—180	80#	210—177	80#	210—177	16	200—160
90#	180—150	90#	180—150	90#	177—149	90#	177—149		
100#	150—125	100#	150—125	100#	149—125	100#	149—125	12	160—125

续表 3-3

国际标准		中国		美国		日本		前苏联	
ISO		GB2477-83		ANSI (74)		JIS (76)		ГОСТ3647-71	
粒度号	基本粒粒径 (μm)	粒度号	基本粒粒径 (μm)	粒度号	基本粒粒径 (μm)	粒度号	基本粒粒径 (μm)	粒度号	基本粒粒径 (μm)
120#	125—106	120#	126—106	120#	125—105	120#	125—105	10	125—100
150#	106—90	150#	106—90	150#	105—74	150#	105—88	8	100—80
180#	90—75	180#	90—75	180#	88—73	180#	88—73	6	80—63
220#	75—63	220#	75—63	220#	73—63	220#	73—63		
240#	63—53	240#	63—53	240#	63—53	240#	63—53	5	63—50

表 3-4 主要国家磨料粒度粒径对照表（微粉类）

中国 GB2477-83		日本 JIS (76)		美国 USAS (67)		前苏联 ГОСТ (71)		德国 DIN	
粒度号	基本粒粒径 (μm)	粒度号	基本粒粒径 (μm)	粒度号	基本粒粒径 (μm)	粒度号	基本粒粒径 (μm)	粒度号	基本粒粒径 (μm)
		240#	87.5—73.5						
		280#	73.5—62						
W_{63}	63—50	320#	62—52.5	240#	53.5—50			OS53	53±3
W_{50}	50—40	360#	52.5—44			4#	50—40	OS45	44.5±2
		400#	44—37	280#	44—40				
W_{40}	40—28	500#	37—31	320#	36—32.5	3#	40—28	OS37	36.5±1.5
		600#	31—26	360#	28.8—25.8			OS29	29.2±1.5
W_{28}	28—20	700#	26—22	400#	23.6—20.6	M_{28}	28—20	OS23	22.8±1.5
		800#	22—18	500#	19.7—16.7			OS17	17.5±1.0
W_{20}	20—14	1000#	18—14.5	600#	16—13	M_{20}	20—14	OS13	12.8±1.0
W_{14}	14—10	1200#	14.5—11.5			M_{14}	14—10		
W_{10}	10—7	1500#	11.5—8.9	800#	12.3—9.8	M_{10}	10—7	OS9	9.3—1.0
		2000#	8.9—7.1	1000#	9.3—8.6				
W_7	7—5	2500#	7.1—5.9			M_7	7—5	OS7	8.5±1.0
W_5	5—3.5	3000#	5.9—4.7	1200#	6.5—4.5	M_5	5—3.5	OS5	4.5±0.8
$W_{3.5}$	3.5—2.5					M_3	3.5—2.5	OS3	3±0.5
	通用		通用		磨具用		通用		磨具用

表 3-5　主要国家金刚石磨料粒度对照表

中国		德国和瑞士		美国和日本		前苏联	
粒度号	基本粒粒径 (μm)	粒度号	基本粒粒径 (μm)	粒度号	基本粒粒径 (μm)	粒度号	基本粒粒径 (μm)
46	400—315	D350	400—300	46	424	A32	315—400
60	315—250	D250	300—200	60	320	A25	250—315
70	250—200	D200	200—150	70	250	A20	200—250
80	200—160	D150	150—120	80	220	A16	160—200
100	160—125			100	140	A12	125—160
120	125—100			120	120	A10	100—125
150	100—80	D100	120—80	150	95	A8	80—100
180	80—63	D70	80—60	220	70	A6	63—80
240	63—50	D50	60—38	240	60	A5	50—63
280	50—40			280	50	A4	40—50
W_{40}	40—28			400	38	AM40	28—40
W_{28}	28—20	D30	38—18	600	30	AM28	20—28
W_{20}	20—14	D15	18—9	700	22	AM20	14—20
W_{14}	14—10			1000	15	AM14	10—14
W_{10}	10—7	D7	9—5	1500	10	AM10	7—10
W_{7}	7—5			2000	7	AM7	5—7
W_{5}	5—3.5	D3	5—2	3000	5	AM5	3—5

表 3-6　磨料（磨具）各粒度的适用范围

粒度号	适用范围
46#—80#	大块原石切割，毛坯倒棱
100#—120#	片料、条料及小块料切割，毛坯倒棱，预形
150#—220#	成型粗磨、预形、穿孔，小石切割及修整
240#—W_{40}	成型细磨、穿孔
W_{28}—W_{14}	成型精磨、粗抛光
W_{10}—$W_{0.5}$	细抛光、精抛光

4. 抛光剂

抛光剂是一种特殊的磨光材料，它与上述的磨削材料有一定的区别（主要是在加工宝石的机理方面）。一般金刚石、刚玉、碳化硅等高硬度磨料的 W_7 以下粒度的微粉都可以作抛光剂。由于宝石抛光的特殊机理，使有些硬度并不高的微粉材料也可作为抛光剂。通常对这些抛光剂的要求有以下几点：①外观均匀，不含杂质；②粒度基本均匀一致；③有适当的硬度和比重；④有一定的表面活性；⑤有良好的分散性和吸收性。具有此种性质的抛光剂以氧化物为主，常见的有：

（1）硅藻土　化学成分主要是 SiO_2，矿物成分以蛋白石为主，其粉状物呈白色或微黄白色，硬度在5.5—5.6之间，多用于玛瑙、翡翠等韧性较大的宝石或部分高硬度的宝石（如蓝宝石、海蓝宝石）的抛光；

（2）氧化铬　俗称绿粉，是常用的抛光剂，其化学成分为Cr_2O_3，硬度5—7。粉状物常颗粒不均，多用于中硬和中软（硬度6—3）的宝石抛光，对翡翠、孔雀石、松石、水晶等的抛光效果颇佳。但有易污染的缺点，不适用于有微裂隙、孔隙的浅色宝石的抛光；

（3）氧化铝　包括铝矾土、铝氧粉、蓝宝粉、红宝粉和人造红宝粉等几个品种，主要化学成分都是Al_2O_3。不同的是，制造的原料、制备方法和纯度不同而已，其中的铝氧粉是不纯的氧化铝粉，人造红宝石粉则是精选出的氧化铝粉，而红宝石粉系人造刚玉粉碎分选而精制成的人造刚玉粉。铝矾土和铝氧粉由于价廉，在珠型和异型宝石的抛光中大量使用，但抛光效果不及红宝粉，红宝粉和人造红宝粉多用于各种刻面型或凸面型宝石的抛光，效果极佳；

（4）氧化铈　颜色呈粉红略带微黄，对于脆性的中硬宝石抛光效果极好（如水晶类、橄榄石、锆石、海蓝宝石、碧玺等），一般将氧化铈配制成研磨膏，进行抛光作用；

（5）三氧化二铁　俗称红粉或铁丹。呈深红色，多用于中硬以下的宝石抛光，抛光效果不及氧化铈，且由于易污染、难清除，而不常用；

（6）二氧化锡　俗称锡粉。主要含氧化锡，次含碳酸钙和碳酸镁及少量草酸。也可用于各种中硬宝石的抛光，但效果不及氧化铈；

（7）二氧化锆（ZrO_2）　呈浓艳红棕色。其抛光适用范围也是中硬以下的宝石，但抛光效果比红粉好。

除上面几种常见的抛光剂外，近年来又出现氧化锌、氧化镁等抛光剂。运用适当，均可取得令人满意的抛光效果。

当然，在所有抛光剂中，钻粉抛光剂是最理想的，只是由于价格昂贵，而仅用于高档宝石的抛光。

二、磨具

磨具是宝石加工中最重要的切割、磨削和抛光工具。根据其在加工中的作用不同，可分为三大类：切割磨具、磨削磨具和抛光磨具。若根据磨具与磨料的附着关系，又有游离磨料磨具和固着磨料磨具之分。

1. 固着磨料磨具

固着磨料磨具是指磨料被某种结合剂结合成一定形状的工具或附着于某种基体（或刀基）上而成的磨具。这种磨具常见的有金刚石粉锯片、砂轮（碳化硅砂轮和金刚石砂轮）、砂带（碳化硅）、砂盘（金刚石）等。决定它们基本性能的参数有：①磨料种类；②磨料的粒度；③结合剂的种类；④磨具的硬度；⑤组织、气孔率；⑥磨具形状和尺寸。下列介绍几种常见磨具的特点：

（1）金刚石锯片　金刚石锯片在非金属材料（石料、玻璃、陶瓷、光学晶体、宝石）的切割中，应用很普遍。许多金刚石工具厂家已生产出各种规格、适合于不同用途的金刚石锯片。宝石切割中所用金刚石锯片直径一般在50—450mm之间，厚度（锯片边缘有效金刚石粉层和刀基厚度之和）为0.15—4mm。

金刚石锯片的构成要素有3个：刀基、金刚石粉和粘结剂。

①刀基　刀基是承载金刚石粉、并支撑磨料进行磨削的金属薄片。其基本特征有：

（a）在正常工作压力下，不易发生变形或破损；

(b) 与金刚石粉的粘结剂有较强的粘结力，使金刚石在正常工作压力作用下有一定保持率；

(c) 有一定的硬度与耐磨度；

(d) 在保证上面3个性质的前提下，可制成很薄的圆薄片。

一般说来，不同用途的锯片，其刀基材料也不尽相同，切割大块料的大金刚石锯片刀基多采用锰钢或锰硅钢薄片；而切割中等料的中型锯片刀基多用软钢片或冲压铁皮和冷轧铁皮；切割小石的锯片也可用薄冷轧铁皮或青铜片。

②金刚石粉　切割宝石用的金刚石磨具的金刚石粉粒度从46#→W_{40}都可用，大锯片常用46#→80#，中型锯片用100#→180#，小锯片用240#→W_{40}。

③粘结剂　金刚石锯片的粘结剂是指把金刚石粉粘结于刀基上的材料，通常用金属粉和电镀金属为粘结剂，这是因为金属粘结剂有结合力强、耐磨性好、使用寿命长、可承受较大负荷等特点，故用于切割脆性非金属材料的锯片粘结剂非常合适。

④金刚石锯片的制作方法　金刚石锯片的制作主要有两种方法，一种是滚压-电镀法；另一种是粉末冶金法。前者多用于制作中小锯片，后者可用于制作大、中、小锯片。

滚压-电镀法　先将作刀基的金属圆片两侧边缘一定宽度内向中心铣槽，所铣槽的宽度及数量根据刀基厚度和直径大小来定，接着，在槽内填以均匀的金刚石粉，用钢制滚轮辗压坚实，并使槽内金刚石粉略突出刀基面，然后再用电镀金属层保护，从而使金刚石粉均匀分布于刀基边缘。此法所制锯片，基槽有与边缘线垂直的（图3-13a），也有与边缘线斜交的（图3-13b）。前者使用时无规定方向，后者有规定方向。

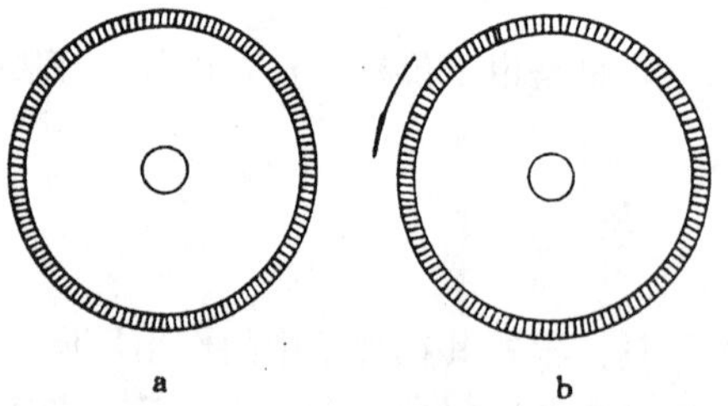

图3-13　滚压电镀法制作的锯片

(a) 槽垂直于边缘线；(b) 槽斜交于边缘线

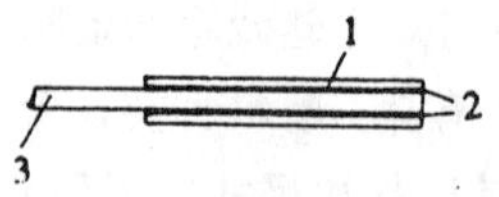

图3-14　刀头结构示意图

1. 含金刚石工作层；2. 过渡层；3. 刀基

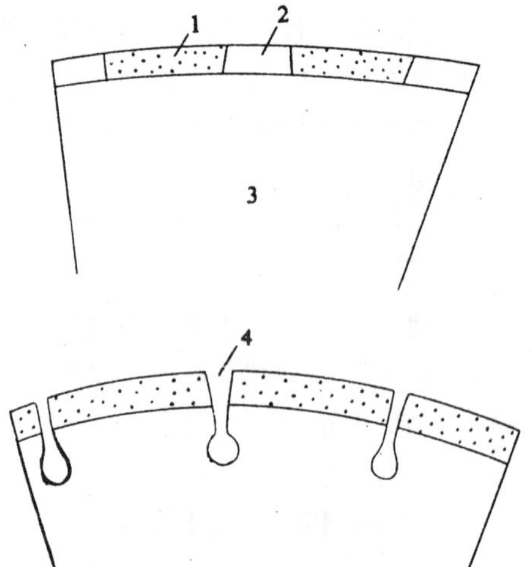

图3-15　粉末冶金分段法制作的金刚石锯片放大部分结构

1. 刀头；2. 间隙；3. 刀基；4. 豁口

粉末冶金法　大锯片的制作不同于中、小锯片，一般采用分段粉末冶金热压法或冷压法。即锯片刀头有双层结构，一层含金刚石粉，这是锯片的工作层；另一层不含金刚石，作为将刀头往刀基上焊接的过渡层（图3-14）。其制作方法是先分段用粉末冶金热压法或冷却法制出含金刚石粉的工作层，然后将其焊接在锯片两侧边缘，各段之间留有间隙或豁口（图3-15），以便切割碎屑的清除。有时也不分段，而是直接把含金刚石的金属粉末热压于刀基边缘。

中、小锯片的制作方法是：把含金刚石粉的金属（铜、锡）粉末填入事先铣好的槽中，滚压坚实后，加热烧结，最后再矫正修理。由于制作小锯片刀基的金属片往往硬度较低（青铜、铁皮），所以有时不用金属粉，而是将金刚石粉调成稠糊状，直接滚压于刀基边缘的槽内或刀基边缘（无槽），而不用烧结。

用粉末冶金法所制作的锯片，其厚度较大，一般不小于 0.5mm，滚压-电镀法制作的锯片厚度较薄，一般为 0.3—1mm，直接冷压金刚石粉于刀基上所得锯片最薄，可达 0.15mm。

（2）砂轮　宝石加工中常用碳化硅砂轮和金刚石砂轮，其基本特征如下：

①磨料种类　碳化硅和金刚石。

②磨料粒度　一般在 46#—240# 之间。

③粘结剂　常用的粘结剂有三种：树脂、陶瓷和金属，它们的代号及特点见表 3-7。

④砂轮硬度　是指砂轮粘剂固结磨料的强度，也就是在外力作用于砂轮表面时，粘结剂抵抗外力使磨粒从磨具表面脱落的难易程度。磨粒容易脱落的，磨具硬度就低，反之硬度就高。一般说来，各种粘结剂的磨具硬度有下面的变化：树脂粘结剂磨具硬度＜陶瓷磨具＜青铜磨具＜电镀金属磨具。我国砂轮硬度等级见表 3-8。

⑤砂轮的组织　是指砂轮中磨料、粘结剂和气孔三者之间的体积比例关系，即砂轮结构的松紧程度。一般用磨具体积中磨料所占体积的百分比表示（表 3-9）。

表 3-7　砂轮粘结剂特点及应用

粘结剂		代号	特点及应用
树脂		S	强度高，略有弹性，耐冲击。砂轮自锐性好，但耐热性差，不耐酸碱。可用于磨削中硬以下的韧性较好的宝石
陶瓷		A	具有良好的耐热性和化学稳定性，强度较高，磨削效率高，磨损小，价格低。适用于磨削较高硬度的脆性宝石
金属	青铜	Q	强度高，把持磨粒的能力强，耐磨性好，韧性好，但自锐性较差，可用于磨削各种宝石
	电镀金属	D	

表 3-8　砂轮硬度等级及代号

硬度等级名称		代号	
大级	小级	大级	小级
超软	超软	CR	CR
软	软 1 软 2 软 3	R	R_1 R_2 R_3
中软	中软 1 中软 2	ZR	ZR_1 ZR_2
中	中 1 中 2	Z	Z_1 Z_2
中硬	中硬 1 中硬 2 中硬 3	ZY	ZY_1 ZY_2 ZY_3
硬	硬 1 硬 2	Y	Y_1 Y_2
超硬	超硬	CY	CY

表 3-9　砂轮组织级别和应用

级　别	紧　密				中　等				疏　松				
组织号	0	1	2	3	4	5	6	7	8	9	10	11	12
磨粒占磨具体积百分比	62	60	58	56	54	52	50	48	46	44	42	40	38
应用范围	多用于硬度较大的宝石出坯、倒棱和预形				适于各种宝石的倒棱、预形粗磨、细磨				一般用于硬度中等以下、但韧性较大的宝石				

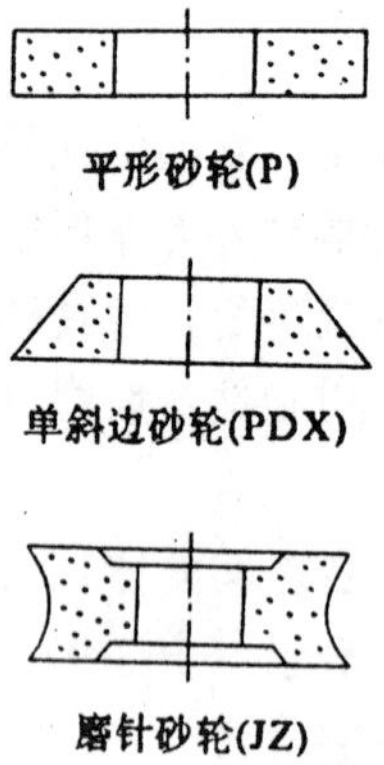

图 3-16　砂轮形状图

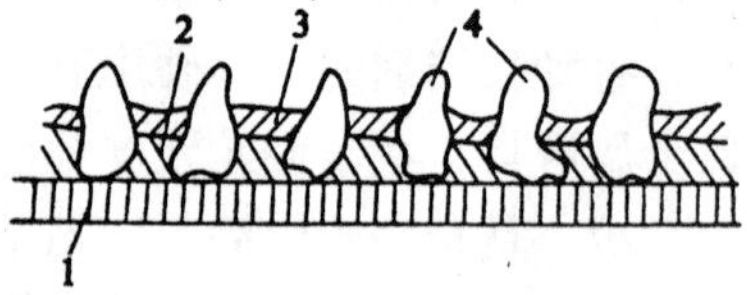

3-18　双层粘结剂的砂带

1. 织物基带；2. 底胶层；3. 表面粘结剂；4. 磨粒

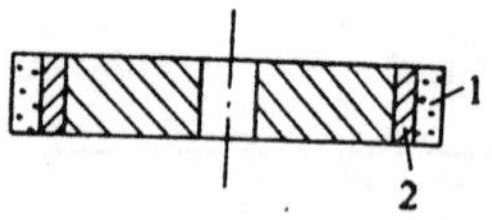

图 3-17　金刚石砂轮结构图

1. 金刚石层；2. 过渡层（粘剂）

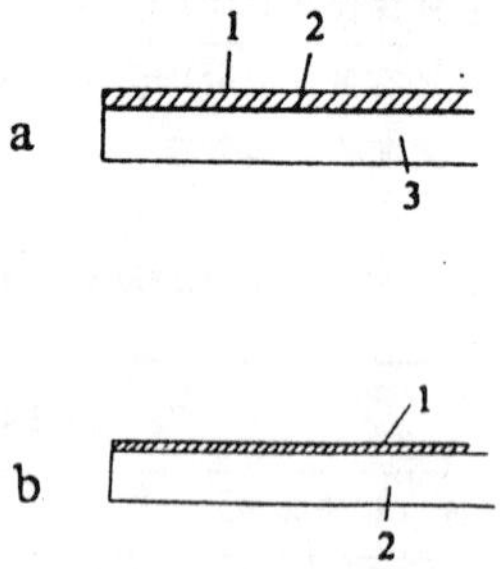

图 3-19　金刚石砂盘的结构图

a. 粉末冶金热压法制作的砂和砂盘；b. 滚压电镀法制作的砂盘

⑥砂轮形状和尺寸　宝石加工中常用的碳化硅砂轮有平行砂轮、单斜边砂轮和磨针砂轮（图 3-16）。其直径多在 150—250mm，砂轮厚度在 15—50mm 之间。

金刚石砂轮和碳化硅砂轮相比，具有磨削效率高、磨损小、强度高等优点，但价格昂贵，目前使用不很普遍。金刚石砂轮由磨料、粘结剂和基体三部分组成，如图 3-17，不同于碳化硅砂轮（由粘结剂和磨料组成）的是，金刚石砂轮的粘结剂主要是青铜和电镀金属，基体一般用钢轮或其他金属轮，在砂轮中，最外层的工作层是用金属粘结剂和金刚石粉构成，在工作层与基体之间有一过渡层，主要是由粘结剂组成，主要作用是焊接基体和工作层。金刚石砂轮制作多采用粉末冶金工艺。

（3）砂带　砂带所用磨料以碳化硅为主，其特点是磨削面积大，效率高，适合于弧面形宝石的初形磨削，但磨损大和耐用程度低是其特点。

砂带的粘结剂主要是树脂，其构成有磨料、树脂和基带。基带多用织物基带。砂带结构见图 3-18。基带上粘结剂有双层，底层粘结剂薄而密实，用以浸润织物基带，防止表面粘结剂透过基带，保证磨粒与基带表面间的必须的联结强度。表面粘结剂主要是为了把持磨粒。

砂带有不连续砂带和无缝砂带的区分，前者使用时需将两端粘接。砂带的带宽一般为30—60mm。

(4) 砂盘　砂盘以金刚石砂盘为常用，碳化硅砂盘较少见。

金刚石砂盘由金刚石粉、金属粘结剂和基盘构成，其结构如图 3-19 所示。图 3-19a 所示的是用粉末冶金法制作的砂盘，其工作层中金刚石粉有多层，过渡层仅由粘剂组成，粘剂一般使用铜粉和锡粉等。这种砂盘使用较多，其使用寿命较长，但造价较高。电镀金刚石砂盘的电镀层（一般用镍电镀），既起把持磨粒的作用，又起连接磨粒与基盘的作用，一般要求电镀层应包住磨料的 2/3，这样才能使磨料的磨削作用充分发挥，而又不致过早脱落。电镀砂盘金刚石粉层一般仅一层，故使用寿命较低。但由于电镀粘结剂的强度高，耐磨性好，若使用得当，也可延长使用寿命，提高利用率。金刚石砂盘的基盘多用 1mm 左右的冷轧钢片。金刚石砂盘的直径通常为 150mm—300mm，砂盘形状为平面形。

2. *游离磨料磨具*

游离磨料磨具是指磨料未粘附于磨具基体上，而是在磨具工作面上处于游离分散状态。此种磨具一般仅起支撑磨料进行磨削作用，而不把持磨料。这种磨具常用的有磨盘和抛光盘。

(1) 磨盘　由于磨料处于游离状态，故磨盘都是平放的。磨盘一般采用金属材料制作，选用磨盘材料时，一般要考虑两个主要因素：①材料的磨削速度要快，而且自身的变形要尽量小；②耐磨性。表 3-10 和表 3-11 是试验在同种磨料（碳化硅）加水磨削水晶时所得的磨削速度和抗磨损能力。用作磨盘的材料的适用性可近似地用上面两个量的乘积来评价（表 3-12）。从表中可以看出，硬质工具铜栅状铸铁及铸铁用作磨盘比较合适，而铝、锡、黄铜等都不太合适。当然硬质工具钢的硬度较大，磨削中易与工件一起将磨料颗粒压碎，从而使磨料损耗增加，故一般不采用。目前最常用的是铸铁磨盘，其特点是耐磨性好，强度高，磨削效率高，价格低廉，故广泛采用。

铸铁磨盘的形状有多种，主要是为了不同加工目的而作的。常用的有图 3-20 所示的几种磨盘。

表 3-10　几种材料的相对磨削速度

材料	相对磨削速度
铸　铁	1.0
栅形铸铁	2.0
硬质工具钢	2.0
黄　铜	0.6
玻　璃	1.6
锡	0.7
铝	0.8

表 3-11　几种材料的耐磨指数

材　料	耐磨指数
铸　铁	1.0
硬质工具钢	2.2
栅形铸铁	1.5
黄　铜	0.34
玻　璃	0.066
石　英	0.13
铝	0.28

(2) 抛光盘　抛光工具中最常用的是各种抛光盘。一般来说，不同种类的宝石对抛光盘材料的要求不是很严格的。通常抛光盘材料的选用主要根据所抛光宝石的琢型而定，对于凸面型、珠型等弧面宝石，多采用毛毡、皮革、布（帆布、厚棉布、天鹅绒等）和毛呢等柔软

质材料作抛光盘面，所制的抛光盘称为“软盘”，对于平面度要求较高的刻面宝石和其他宝石平面的抛光，多采用金属材料作抛光盘，这类抛光盘称为硬盘。还有一类称之为“中硬盘”的抛光盘，其材料有沥青、塑料、尼龙、树脂和木材等，其抛光性能介于软盘和硬盘之间。

表 3-12　几种材料作磨盘的适用性

铸　铁	1.0
栅形铸铁	3.0
硬质工具钢	4.4
黄　铜	0.2
玻　璃	0.1
锡	0.14
铝	0.22

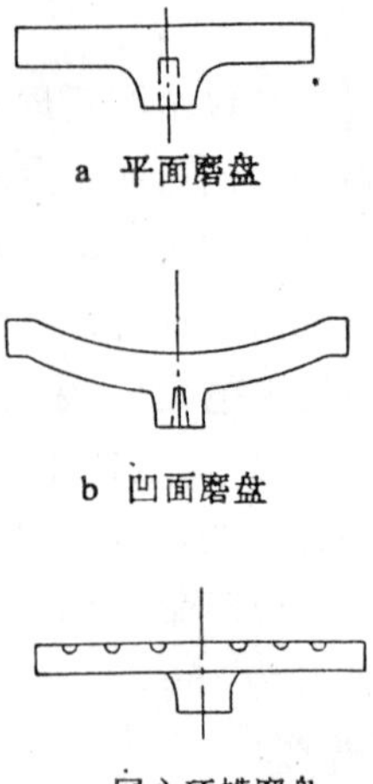

图 3-20　几种常见磨盘形状

①软盘　软抛光盘的最大特点是抛光面在受宝石压力时，易屈服成一凹面，因而对于弧面抛光非常有效。软抛光盘材料结构决定其具有耐磨性，有良好的弹性、渗透性和吸附性等特性，这有利于抛光剂的贮存和增大抛光盘与宝石抛光面的有效接触。另外，软盘所有材料价格都很低廉，制作也简易。

软盘的构成比较简单，通常由基盘和抛光层面组成，二者的连接方式很多，可以用粘结剂胶合，也可以用铁钉、铁丝将抛光面蒙于基盘上。基盘的材料可以用木盘、铁盘和其他材料，没有一定限制，软盘的形状随基盘形状，常用的有平面盘、凸面盘和凹面盘。

软盘的大小也无严格规定，而是根据需要而定。一般为 150—400mm 不等。抛光层面厚度也应根据需要来定。大多情况下，毡盘的抛光层面厚度不应小于 10mm。其他软质材料下也可衬以泡沫塑料层（10—20mm）、硬海绵等，以增加其屈服面的深度。

②硬盘　硬盘多用合金浇铸而成，常用的有紫铜盘、锡铅盘、铝合金盘等。这些合金中各种金属的配比不同时，其硬度就不同，一般以手指甲能刻划动为好。硬盘具有导热性好、耐磨、弹性差、塑性好、易修理等特点，但造价高于软盘。硬盘的形状以平面盘为主，直径有 150mm 和 200mm 两种。厚度不小于 10mm。

③中硬盘　中硬盘的适用性比硬盘和软盘都好，它不仅具有较好的耐磨性、吸附性，而且具有一定的弹性，对于抛光刻面型宝石，效果非常好。故近些年已在宝石加工业中大量使用。

三、辅料

1. 冷却液

宝石在琢磨过程中，往往产生大量的热量，使宝石和磨具温度升高，故要使用冷却液。冷却液的作用有 3 个方面：冷却作用、清洗作用和润滑作用。宝石加工中常用的冷却液种类及应用见表 3-13。

2. 粘结材料

宝石加工中对粘结材料的要求有：①具良好的粘结性；②适当的软化点，有良好的热稳定性；③良好的化学稳定性，不与宝石发生化学反应；④无毒、无杂质。常见的粘结材料及特点见表 3-14。

表 3-13 冷却液种类及适用性

冷却液	特点及适用性
油（柴油、机油、缝纫机油）	热容大，表面张性大，润滑性好，但清洗能力差。常用于宝石的切割和抛光，可以保护锯片、磨具不锈蚀，由于易燃，使用时应注意安全
水	热容大，表面张性较大，清洗力较强，但润滑性较差，汽化力强，价低廉，适用性比较好。用于宝石的切割、研磨、抛光等各道工序
皂化液	热容较小，表面活性大，张力大，清洗能力强，润滑性也较好，常代水作冷却液

表 3-14 粘结剂的主要种类和配比及流动温度

粘结剂	配比的主要成分（w_B%）	流动温度（℃）	备注
石蜡	石蜡 80、石膏粉 20	95	
虫胶	虫胶 50—70、松香 30—50	110	常用
松香	松香	150	
蜂蜡＋松香	蜂蜡 50、松香 50	120	
蜂蜡＋增塑剂	蜂蜡 50、增塑剂 50	120	
黑火漆	钙粉 31、松香 61、沥青 8	140	
火漆胶	松香 30、滑石粉 68、环氧树脂 1、氧化铁 1	150	常用
绿条胶	虫胶 40、松香 15、石膏粉 35、环氧树脂 1、白石蜡 9、氧化铬粉适量	120	常用
红胶	虫胶 45、火漆胶 55	140	
502 胶			
木胶	牛皮胶 60、松香 35、蜂蜡 5	140	

3. 清洗材料

主要用于清洗粘结剂、宝石表面的油污和灰尘等。常用的有碱性溶液、酸性溶液和有机溶剂，见表 3-15 和表 3-16。

表 3-15 常用的几种清洗液

清洗液	组成	用途
K_2CO_3 水溶液 Na_2CO_3 水溶液	5% K_2CO_3＋95%水 5% Na_2CO_3＋95%水	清洗宝石表面的有机物
碳酸钙	用水调成糊状物	擦试宝石抛光面上附着物
苛性碱水溶液	KOH 0.5%—2.5% 水溶液 或 NaOH 0.5%—2.5% 水溶液	清洗宝石表面的油渍或污点
稀盐酸	10%的 1∶1 HCl 的水溶液	清洗磨盘或抛光盘表面的金属氧化物
醋酸	10%—50%醋酸水溶液	清洗宝石表面脏点和油污
酒精	50%乙醇水溶液	清洗宝石表面的残留胶

表 3-16　常用有机溶剂的特点和能溶的物质

溶剂	特　　点	能溶解的物质
乙醇	无色，透明，易挥发，易燃，能溶于水、乙醚、苯等有机溶剂	虫胶、松香、沥青、树脂
乙醚	无色，透明，易流动，易挥发，易燃，易溶于乙醇、苯等有机溶剂中，具麻醉性	油脂、沥青、松香、蜡以及它们的混合物
松节油	无色—棕黄色，透明，具有特殊气味，易挥发，易溶于乙醇、乙醚、氯仿等	松香、蜡以及它们的混合物、树脂
汽油	无色—浅黄色，易流动，透明，易挥发，易燃	沥青、松香、蜡
丙酮	无色，透明，易挥发，易燃，能与水、醇、醚和大多数油类混溶，蒸汽对人体有害	树脂、漆、有机物
苯、甲苯	无色，透明，易燃，易流动，对人体有害	沥青、松香、树脂、蜡、油

第四章　宝石加工的基本方法和原理

宝石的加工与其他各种材料加工一样，都是依据材料本身的物理力学性质，借助某种（些）设备和工具对材料进行裁减、造型和修饰的。宝石加工的基本方法有：劈切、磨削和抛光，其中以后二者使用最多。

第一节　劈 切 法

一、劈切法的原理

宝石原石常具有一些抗拉强度较低的不连续面或低应力面，如解理、裂理和裂纹。这些不连续界面都是在宝石受外力作用时，沿结合力较小的晶体面网方向或双晶面产生的。对于具有较完善解理性质的宝石，受外力可产生一定方向的中等—完全解理面；而双晶发育的宝石，则可能产生裂理；对脆性较大的宝石，可能同时还产生许多不规则的裂纹。所有这些规则和不规则的破裂面都是劈切的基本条件。

劈切的基本原理就是沿已有的破裂面或已知的解理方向施加一定压力，使其在垂直于破裂面的方向上产生一个拉应力，这就可使原石在失稳状态下发生低应力脆断（见图 4-1a），根据材料力学的知识，裂纹尖端所受的应力 σ_r 要比拉应力 σ 大得多。经计算，对于一个 $\alpha=2$mm 的细裂纹，$\sigma_r=200\sigma$，当 σ 达到宝石裂隙面拉张强度极限时，就会发生断开。据此，当沿宝石原石某一薄弱面施加一定压力 P_1 时，其拉伸强度达到 $\sigma=2\mu P_1$（式中 σ 为拉伸应力，μ 为泊松比），则原石就会断开（图 4-1b）。

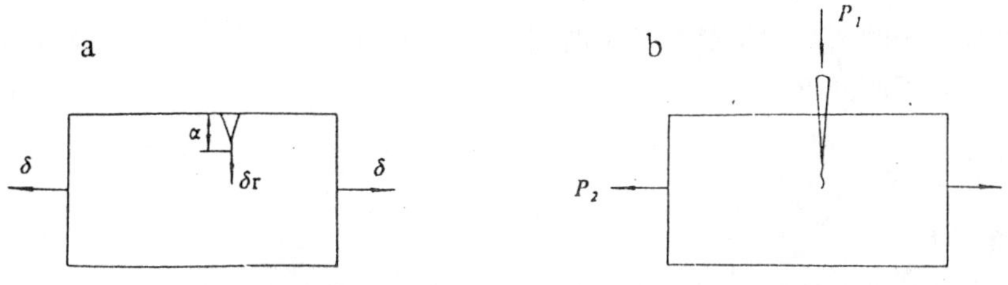

图 4-1　原石中破裂面受力示意图

二、劈切的操作

劈切就是根据上述原理进行的，首先找到解理面（或裂理面），一般有片状阶梯面，有时可见珍珠光泽或晕彩现象，用切割机的锯片轻轻沿解理方向锯开一浅槽，若解理完全，则会自动裂开，若没有裂开，可在桌角边轻磕，或用一薄刃刀片插入切口，再用小木槌轻击刀背，也可使其裂开。劈切用于裂纹时，应注意寻找穿透原石的裂纹才能用劈切，其余的小裂纹最好用锯割的方法处理，不可用劈切，否则有可能会使裂纹向纵深发展。

有的原石有裂纹发育的外皮，形成许多小的碎块。在不影响大块宝石完整的情况下，也可用劈切法清除外皮碎块，一般用鸭嘴钳或平头钳将其钳去，注意用力不能勉强。

至于晶体较完整的宝石原石，若没有破裂面，则判别一下该宝石有无中等—完全解理性质。若有的话，可用钻石刀的尖锐棱角沿可能出现解理的方向刻划一楔形槽，然后用薄刃刀片插入劈开。这种情况一般不用劈切，只有钻石有时才用，因为劈切有一定风险性，弄不好会造成原石碎裂，而造成损失。

劈切是通过沿破裂面施加一压应力，产生垂直破裂面的拉伸应力，从而使原石裂开，因此，破裂区域内的能量输入方式对破裂面的扩展和压应力大小很有影响。直接用锯片和刀片插入破裂中施加应力，具有一定危险性。若在破裂中注入少量粘度低、压缩系数小的液体（如液压机所用的油），就可以使压应力传送比较均匀，还可使压应力大大降低。

三、劈切法的应用和注意事项

劈切工序在实施过程中，应注意以下几点：

（1）劈切只适用于具有解理中等—完全的宝石或裂隙发育的宝石原石；

（2）劈切应在认真观察分析原石破裂面性质的基础上有把握地进行，若把握不大，最好不要用劈切，可改用锯切；

（3）劈切应按由外及内、先易后难的顺序进行。先解决原石外皮的碎块进行，再考虑内部的劈切；

（4）劈切时，施力方向要正确，着力点要准确，用力要恰到好处，不然，可能会击碎宝石，劈切虽然操作简单，且成本低、时效高，但风险也较大，无经验者不宜试。大多数宝石原石的分割是用锯切的方法进行的。后面将详细介绍锯切的原理和操作方法。

第二节 磨料的磨削原理及磨削加工方式

宝石由于硬度高和性脆易碎，无法像金属材料那样切削加工，只有用高硬度磨料进行磨削加工。宝石加工中的切割和研磨都是用磨料进行磨削的。那么，磨料是如何对宝石材料实行磨削作用的呢？下面分析一下：

一、磨削力

1. 单粒磨削力

磨削力是磨具与宝石坯料之间相互作用而产生的作用力和反作用力。它主要由宝石的形变及宝石与磨具间的摩擦而产生。

首先分析一下固着磨料磨具上单个磨粒对宝石的磨削力。单个磨粒一般有顶尖角 ϕ（不小于 100°），当宝石某一面与磨粒接触时，由于宝石对磨粒有一定压力，故磨粒也对宝石有方向相反，大小一样的压力 F_n。同时，磨粒被磨具粘结剂带动并随磨具转动，因而会产生与宝石的侧向压力和摩擦作用力 F_t。F_n 称为径向压力，F_t 称为切向压力。这两个力的合力 F 就是磨粒对宝石的磨削力（见图 4-2）。磨粒对宝石的磨削力的大小与宝石对磨粒的压力、磨具线速度和磨粒与宝石之间的摩擦系数有关，当然也与磨粒的形状有关。一般宝石对磨粒的压力越

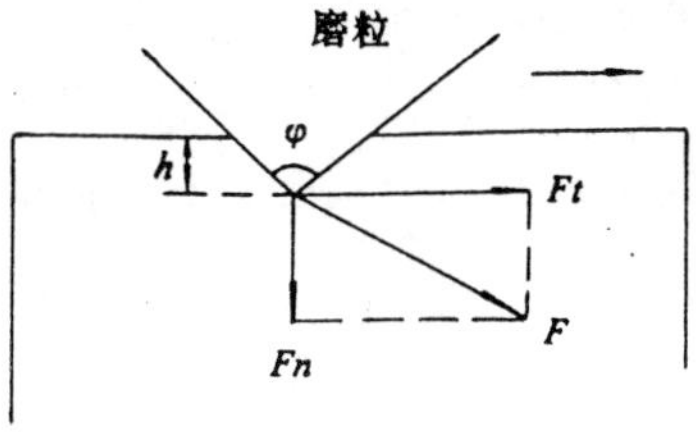

图 4-2　磨削力分解图

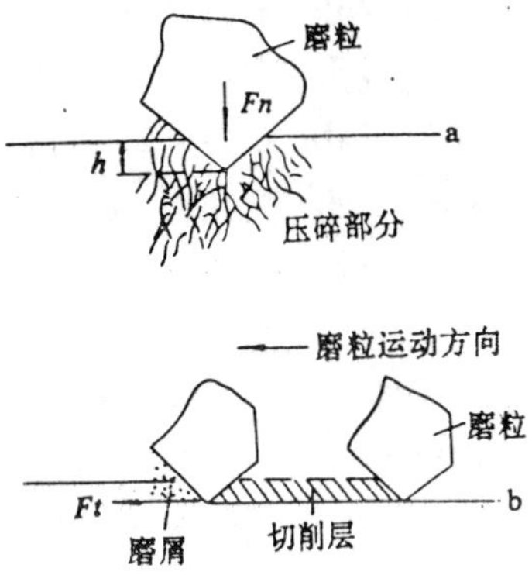

图 4-3　磨粒的磨削作用

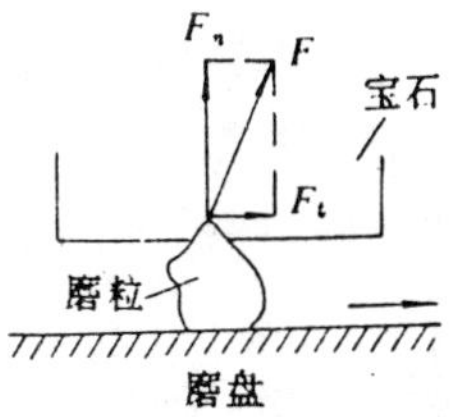

图 4-4　游离磨粒的磨削力分析

大、磨具线速度越大和摩擦系数越大，则磨削力也越大，反之磨削力就小。

单粒磨粒对宝石的磨削作用有 2 个方面：①使宝石表面被压碎作用；②对宝石表面的切削作用。磨粒尖顶对宝石表面的压碎作用主要是由径向压力 F_n 产生的。由于磨粒硬度（抗压 强度）大于宝石，故当磨粒尖顶以 F_n 作用于宝石表面时，就会使宝石在极小区域内发生碎裂，磨粒尖顶部分压入宝石表层，压入的深度称磨削深度 h（如图 4-3a）。切向力 F_t 对宝石也有一定侧向压碎作用，它的另一作用是将已压碎的宝石碎屑带出，并沿切向方向切削一个槽（图 4-3b），这要求磨粒的韧性要比宝石强，否则磨粒就会破损脱落。

单个磨粒对宝石的磨削是点磨削或线磨削，而磨具上大量随机分布的磨粒的磨削结果就成为面磨削。这就是宝石磨削的基本原理。

游离磨料的磨削作用与上述略有不同，因为磨粒除了与宝石作相对运动外，还要与磨盘作相对运动，其径向压力 F_n 较大，可以在微小区域内产生碎裂层，但 F_t 较小（图 4-4），对宝石表面的作用主要是带出碎屑，其切削作用很弱。这是因为磨粒在侧向力的作用下会发生滚动，因而在切向方向上对宝石的作用减弱。

2. *磨削深度与磨粒的磨损*

磨粒的磨削力越大，磨削深度就越大。磨削深度的增大，反映单粒磨粒的负荷也增大，这样一来，磨粒的破碎程度就增大，从而使磨具磨损加快。因此，太大的磨削深度是不可取的，它不仅破碎了磨粒，而且使宝石表面破裂程度加重。根据磨削深度与磨削力的关系以及磨削力又受宝石给进压力、磨具运转线速度和磨具性质影响，适当选定给进压力、磨具线速度和磨具，对于提高磨削效率、减小磨具损耗都有重要的意义。

二、磨削热

1. *磨削热的产生*

前面已提到，单一磨粒与宝石接触时，会对宝石表面有压力和摩擦力作用，由于磨粒随磨具运动，带有很高的动能和动量，在与宝石作用时，一部分动能会迫使宝石表面的接触点附近发生形变以致破碎，同时另一部分动能通过摩擦作用转化为热能。假设一个磨粒的有效平均工作行程长度为10mm，磨具转动线速度为30m/s，则得到有效磨削时间就是0.00033s。这表明磨粒的作用只是瞬间的，在如此短的瞬间，磨粒磨削所产生的热能集中于磨粒、磨屑以及微小的磨削区域内，会使温度骤增，瞬间温度有时可达800—1200℃，甚至更高。而磨具上与宝石同时作用的众多磨粒，可以使宝石磨削面的温度高达700℃以上，这样高的温度会对磨具和宝石表面有损坏作用。

2. 磨削热对加工的影响

(1) 使宝石表面的性质发生变化。磨削热在宝石表面产生很高的温度，可以使某些宝石表面产生软化或局部熔融并重结晶，如孔雀石、松石等。

(2) 磨削热量在极短时间内主要集中于宝石磨削面表层，使其体积膨胀。由于大多数宝石的导热性差，热量难传入宝石内部，故产生体积膨胀差应力，当该应力超过宝石强度极限时，就会在宝石表面出现裂纹。严重时，裂纹可一直延伸到宝石内部，使宝石碎裂。

(3) 磨削热量也会使磨具（锯片）发生热变形，或使磨具粘结剂软化，强度降低，或使磨粒受热碎裂，从而增加磨具的损耗，降低其使用寿命。

由此可见，在宝石磨削时，使用冷却液降低磨削温度是十分必要的。

3. 影响磨削温度的因素

(1) 磨具转动的线速度　经试验发现，磨具转动的线速度越大，磨削温度也增加越快。因为当线速度增大时，单位时间内参加工作的磨粒数增多，磨屑变细，摩擦加剧，使温度升高加快；

(2) 宝石施加于磨具上的压力　当宝石对磨具的压力增大时，磨削的深度会加大，这就使磨粒破坏宝石表面所做的功增加，摩擦加剧，因而温度升高；

(3) 磨具性能对磨削温度的影响　据实验分析，磨粒粒度越粗，磨削温度升高越快，一般60#和80#磨料的磨削温度升高最快，46#以上磨料的磨削温度升高不明显；磨具硬度越大，磨削热也越大，温度升高也快。另外，磨具组织越紧密（或磨料浓度越大），磨削温度也越高，这也是因为单位时间内参加工作的磨粒多的缘故。

根据上面的影响因素，在宝石加工中，为了不使磨削热太大，一般选用硬度为中硬—硬、组织为中等的磨具，同时适当控制磨具的线速度和宝石的工作压力。

三、磨削加工的方式

1. 锯切（线形磨削）

锯切是一种用磨料对原石的磨削作用而将原石分割开的磨削方式，其最主要的特点是磨料的磨削面是线形的。它由支撑体（锯片）带动磨料对原石进行磨削时，所产生的磨削力是侧向力，并产生切缝两侧的微破碎层（图4-5）。

锯切是宝石原石分割的最常用的方法，也是宝石加工的第一道工序。它除用于分割原石外，还用于修理宝石毛坯。

锯切是用切割设备进行的，根据不同切割的需要，采用不同的切割机和不同直径的锯片。

2. 平面磨削

平面磨削是指磨削工具与宝石表面的作用面是一平面的磨削方式。它的作用就是加工出平整的面。平面磨削主要应用于刻面型宝石和棱柱状珠型宝石的粗、细磨。

平面磨削的磨具主要是各种平面磨盘，包括固着磨料平面磨盘和游离磨料的铸铁平面盘。有时也用砂轮的侧面对宝石进行初步平面磨削。

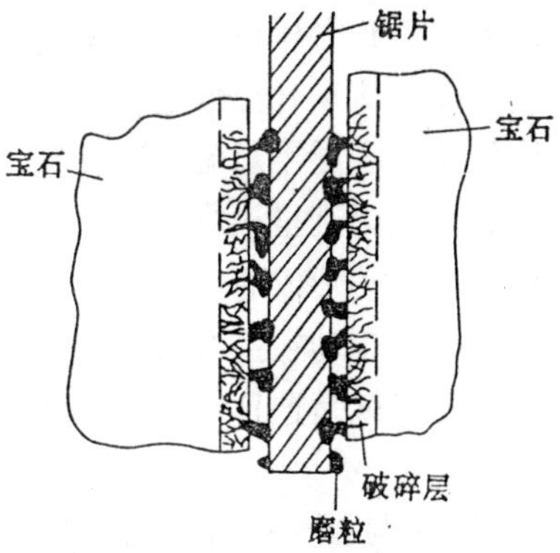

图 4-5 锯片磨粒机械磨削作用示意图

3. 弧面磨削

弧面磨削也是主要磨削方式，它包括曲面磨盘磨削、软面磨盘磨削和滚筒磨削。前两者主要用于凸面型宝石和珠型宝石的加工，后者主要用于随型宝石磨削。

弧面磨削的设备有各种轮磨机、盘磨机、带磨机和滚磨机等。

4. 穿孔磨削

穿孔磨削是一种点磨削方式，即磨料在钻杆或钻头的带动下，在宝石面上一个很小的点域内进行磨削，产生一个孔眼。

穿孔磨削包括机械穿孔磨削和超声波穿孔磨削。所用设备有高速穿孔机和超声波穿孔机。

第三节 抛光的基本原理

宝石加工中，抛光是极为重要的一道工序，几乎所有的宝石，只有经过抛光才能表现出特有的光学特性和精确的表面平整度。

一、抛光机理的几种学说

宝石的抛光机理十分复杂，到目前为止还没有形成一种能完美地解释所有抛光现象的公认的理论。已出现的理论或假说都只能解释一部分抛光现象，而对另一些现象不能作出令人信服的解释。目前，比较流行的有三种学说：

1. 微粒机械磨削学说

这一学说主要由普列斯顿、汉逊、古克等人提出。该学说认为：抛光过程实际上与研磨过程相类似，它们之间的唯一区别仅在于加工时所采用的磨料粒度不同。当磨料粒度越细时，磨粒在宝石表面磨削下来的磨屑就越细，使宝石表面形成无数相互交错的细密的微痕，当磨粒磨削深度在100nm左右时，被加工的宝石表面就会出现所谓的“镜面效应”。其实验依据有：①已抛光的宝石表面在高倍显微镜下有明显起伏变化现象，用多光波干涉显微镜可以测定其起伏层的深度；②金刚石微粉抛光剂可以对几乎所有的宝石进行抛光，抛光效果都可达最佳，因为金刚石硬度最高；③当用金刚石微粉（$W_{1.5}$）对刻面型宝石的某一小面进行抛光时，发现随抛光时间加长，该小面面积增大，而其周围各小面面积明显减小，表明金刚石抛光剂有一定的磨削作用；④一般来说用硬度低于宝石硬度的抛光剂对宝石抛光，其效果不佳。当然也有少数情况例外，如用玛瑙粉对刚玉类宝石的抛光就可以达到较好的抛光效果；⑤在一定条件下，抛光效率和抛光速度、压力成直线或近直线的关系。

微粉机械磨剂学说虽然能解释大多数宝石的抛光机制，但对有些现象却不能合理解释。如有些宝石在抛光过程中并无明显的重量损失，例如玛瑙、水晶等用氧化铈或氧化铬等抛光剂抛光时就是如此。而也有些宝石除了高硬度抛光剂外，对于低硬度抛光剂也能获得较好的抛光效果，如用硅藻土或玛瑙粉抛光刚玉类，另外，有些宝石在使用某些抛光剂进行抛光时，需要有一定的温度和压力条件。所有这些，上述学说是无法解释的，因而后来又出现了流布学说和化学学说。

2. 流布学说（塑性流动学说）

该学说的代表人物是别里毕（Beilby）、克莱姆（Klemm）等。这种学说认为：抛光过程由于抛光剂和宝石抛光面之间的摩擦作用引起宝石表面产生热塑性流动、热熔化流动以及化学作用引起的分子流动等，从而形成一种表面塑性层或熔化层及分子层重新流布的过程，这样一种表面流布的结果就可以形成平整光洁的表面结构，一般称之为别里毕层。

别里毕层可以是非结晶性的。它可能是热塑性流动或热熔化流动形成的，如玛瑙、孔雀石、松石和方解石等；别里毕层也可以是结晶性的。它可能是分子流动在宝石表面凹痕处重新结晶形成的，如水晶、黄玉、海蓝宝石等用氧化铈抛光时，可能就是这种情况。当然，也可能既有热塑性流动，也有分子流动或热熔化流动的情况。

根据流布学说，此类抛光需要一定的温度和压力。而温度又与抛光剂种类（摩擦系数大）、抛光盘和抛光时间有关。另外，要求冷却液尽量少或不用。所以，利用这种抛光原理时，要通过试验来测定使用何种抛光剂、抛光盘和抛光时间，而且这仅对部分宝石有用。

3. 物理化学学说

这一学说主要是格来别希柯夫等提出的。该学说认为抛光面的形成是抛光剂、水和宝石表层物质之间的化学和物理化学作用的结果。

对于某些硅酸盐宝石，由于其抛光前形成凸凹层和破裂层，在抛光中被水解生成硅酸盐凝胶微薄膜。由于此硅酸盐凝胶薄膜具有很强的吸附性，所以当其被抛光剂带走时，它也会把表面微凸痕部分同时揭走，从而使宝石表面得以平整，这是水与宝石表面发生化学和物理化学作用的机理。

还有一种情况，就是抛光剂参与了化学作用过程，如玛瑙粉（或硅藻土）对刚玉类宝石的抛光。抛光剂、水和宝石成分（Al_2O_3）在抛光中发生了如下化学反应：

$$Al_2O_3+2SiO_2+2H_2O=Al_2Si_2O_7\cdot 2H_2O$$

由于抛光剂和水对宝石表面的这种腐蚀作用，而使宝石得以形成平整的抛光面，这就是低硬度玛瑙粉能抛光高硬度刚玉类宝石的原因。

以上 3 种学说都有一定的实验结果为基础，各自都可以解释部分抛光现象，但都有解释不了的例子。这说明三种学说都有一定的局限性。比较合理的解释似乎应该是这三种学说所阐明的抛光机理在抛光过程中同时产生，即抛光过程是一个机械作用、化学作用和物理化学作用的综合作用过程，只是对不同种类宝石，当采用不同抛光剂时，可能是以某种作用为主，而其余两种作用不明显。

关于宝石的抛光机制问题，还没有完全得到解决，有待于进一步研究和完善。此问题的解决，对于抛光剂的制备和选用、改进抛光工艺、提高抛光效果和质量都具有重要意义。

二、影响抛光效果的几个主要因素

1. 抛光剂类型

高硬度的抛光剂如金刚石粉和红宝粉等，抛光效果均比低硬度抛光剂好，且适用范围也广，对大多数宝石的抛光都能获得极佳的效果。

表面活性比较强的抛光剂（如氧化铝、氧化铈和二氧化硅等），在对某些性质宝石的抛光，也可以取得良好的抛光效果。

2. 抛光液

抛光液的作用有：分散抛光粉，冷却抛光中产生的热量，润滑以减少摩擦和增强抛光粉的表面活性。水是抛光中常用的抛光液，它既可起磨削冷却液所起的几种作用，又可以成为抛光过程中化学作用和物理化学作用的介质或反应物。对于以机械磨削作用为主的抛光粉(金刚石粉)，抛光液一般用油类等有机液体，如缝纫机油和变压器油等，这类油质的冷却、润滑和分散等作用极好。当然，也可以配制金刚石粉研磨膏，具体配方见表 4-1，它是既有水质，又有油质的抛光液。

表 4-1　水质金刚石研磨膏的配方

质量百分比%　材料 磨料粒度	磨　料 人造金刚石	分散剂 乙二醇	载　体 聚乙二醇硬脂酸脂	水	着色剂 (0.1%—0.5%)
$W_{0.5}$	2	33	33	32	艳红
$W_{1.0}$	2	33	33	32	嫩黄
$W_{1.5}$	2	33	33	32	黄绿
$W_{2.5}$	4	33	32	31	玫瑰红
$W_{3.5}$	4	33	32	30	珠红
W_5	5	33	32	30	紫
W_7	5	33	32	30	灰
W_{10}	6	33	31	30	黑
W_{14}	6	33	31	30	黑

(据赵新民资料，1989)

3. 抛光盘

抛光盘对抛光效果的影响因素，主要是抛光盘硬度和韧性，这一点将在后面章节中讨论。

4. 抛光工艺参数

(1) 抛光剂的供给量和浓度　某一适当浓度抛光剂的供给量在一定范围内增加时，抛光面形成的速度就会加快，在供给量达到一定程度时，抛光速度达到最大。之后若继续增加供给量，反而会使抛光速度降低，这是因为过多的抛光剂并没有增加参与抛光的磨粒数量，反而会阻碍其他磨粒的抛光和抛磨下的微屑的排除。抛光剂浓度对抛光的影响与供给量类似，在某一浓度之前，抛光速度随浓度增加而加大，该浓度时速度达最大(供给量一定时)，若再增加浓度，抛光速度就会降低。

(2) 抛光时的压力和抛光盘的线速度　一般来说，抛光时压力适当增大，可以使抛光速度加快，但压力过大会使抛光剂磨削作用加强、摩擦加剧，这不利于低粗磨度表面的形成。因此，压力的大小一定要控制适中，可以反复试抛以获得最佳压力的范围。抛光盘转动线速度的增加，使得单位时间内参与抛光的磨料的数量增加，从而可以获得较快的抛光速度。但线速度太大又会使抛光剂在离心力作用下被抛出盘外，这样就造成浪费。

5. 前道工序的加工质量和表面粗糙度

若前一道工序的表面质量达到抛光前的要求，则抛光就容易进行，否则抛光很难获得预期效果。

第四节　宝石表面的加工质量

一、概念

宝石表面的加工质量是指宝石经某种工序加工后，其加工表面的粗糙程度（或光洁程度）。目前，在宝石加工中，对表面加工质量的检验和评价都是凭肉眼或借助 5—10 倍放大镜进行的，其质量的好坏完全凭各自经验来判断，没有统一标准。一般要求在最后一道工序（抛光）完成后，宝石表面质量应达到在 10 倍放大镜下见不到可分辨的划痕、毛面和微裂纹。其实，对宝石表面质量的要求，不仅局限于最后一道工序完成后，在各道工序后都应有一个表面质量的要求，因为前一道工序所产生的表面状况对后一道工序乃至所有后续工序的表面加工质量都有重要影响。因此，一个表示宝石表面质量好坏的量的概念是必要的，虽然目前还不能定量地确定各工序的加工表面质量，但有一个统一的衡量表面质量的标准既可以为改进工艺水平提供依据，又可以保证稳定的产品质量。引用晶体加工的表面质量的概念——“表面粗糙度”作为宝石表面质量的概念，它是指宝石在被加工后，表面轮廓的不平整程度。

二、表面粗糙度的表示方法

表面粗糙度一般用微观不平度十点高度 R_z 和轮廓算术平均偏差 R_a 两个参数表示。R_z 是在取样长度内 5 个最大轮廓峰高的平均值与 5 个最大轮廓谷深的平均值之和（见图 4-6）。

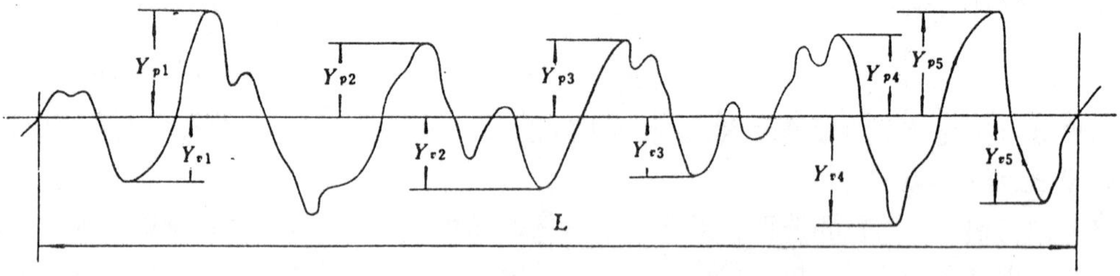

图 4-6　微观不平度十点高度 R_z 示意图

$$R_z = \frac{1}{5}\left[\sum_{i=1}^{5} Y_{Pi} + \sum_{j=1}^{5} Y_{Vj}\right]$$

其中 Y_{Pi}是第 i 个最大轮廓峰高，Y_{Vj}是第 j 个最大轮廓谷深。

R_a 是在取值长度 L 内轮廓偏距绝对值的算术平均值。见图 4-7，即 $R_a=\frac{1}{L}\int_0^1 |Y(x)|dx$，

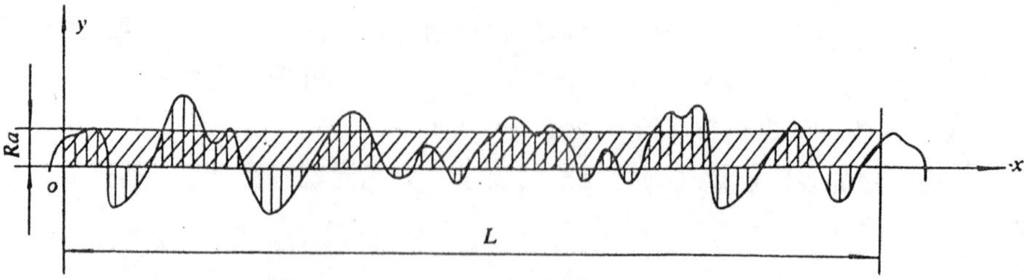

图 4-7　轮廓算术平均偏差 R_a 示意图

或近似地用 $R_a=\frac{1}{n}\sum_{i=1}^{n}|Y_i|$ 表示。

宝石加工中，不同工序所用的磨具和磨粒粒度是不同的，因而正常情况下，各工序所加工的宝石表面粗糙度有一定的范围，参见表 4-2。

表 4-2　宝石加工中各主要工序的表面粗糙度范围

粗糙度符号	R_a (μm)	R_z (μm)	宝 石 表 面	磨具及加工方法
R_z 100/▽	20—40	80—160	大块料切割面、毛坯倒棱面	60#—120# 金刚石锯片切割或 46#—80# 砂轮倒棱
R_z 50/▽	10—20	40—80	大块料或中等料的切割面、毛坯倒棱面	60#—120# 金刚石锯片切割，或 80#—120# 砂轮或磨盘倒棱
6.3/▽	5—10	20—40	中等料或小石切割面、粗磨面	100#—240# 锯片切割，或 100#—180# 磨盘成型粗磨或圈形
3.2/▽	2.5—5	10—20	粗磨面、小石切割面及细磨面	240#—W_{40} 锯片切割，或 120#—240# 磨盘圈形和成型粗磨，或 240#—W_{40} 磨盘细磨
1.6/▽	1.25—2.5	6.3—10	细磨面、精磨面	240#—W_{40} 磨盘细磨或 W_{40}—W_{28} 的磨料精磨
0.8/▽	0.63—1.25	3.2—6.3		
0.4/▽	0.32—0.63	1.6—3.2		
0.2/▽	0.16—0.32	0.8—1.6		
0.1/▽	0.08—0.16	0.4—0.8	精磨面、粗抛光面	W_{40}—W_{10} 的磨料的精磨或粗抛光
0.05/▽	0.04—0.08	0.2—0.4		
R_z 0.1/▽	0.01—0.02	0.05—0.1	抛光面	W_7—$W_{0.5}$ 的金刚石抛光剂或其他抛光剂抛光
R_z 0.05/▽	≯0.01	≯0.05		

三、影响表面粗糙度的因素

1. 宝石材料性质

在同等磨削条件下，一般被加工的宝石硬度越高，则经磨具磨削后其表面粗糙度就越低。同时，在同等条件下，韧性较强的宝石的表面粗糙度比韧性较低（脆性大）的宝石的低。

2. 磨具性能

（1）磨料粒度　粒度越细，加工的宝石表面粗糙度就越小。所以宝石加工过程中，磨料粒度越来越细，就是这个原因。但这要有一个前提，就是磨料粒度要一致，有同样的自锐性和同样的高度。如果粒度一致性和韧性一致性较好，即使是粒度粗的磨料也可达到较高的表面质量。反之，若粒度一致性差，即使 240# 细的磨料，加工的宝石表面粗糙度也会较高。

（2）磨具硬度　用同样粒度的磨具在适当条件下加工，通常磨具硬度越高，加工的宝石表面粗糙度就越低。但这并不是说磨具硬度越高越好，硬度太高，容易引起磨具表面磨粒间隙被磨屑充填堵塞，而增大摩擦，产生高温，使宝石表面破裂严重。

（3）磨具组织　组织越密，表面粗糙度就越低。因为磨具组织密，表明磨料浓度较大，单位面积内的磨粒数就多，因而单位时间内参加磨削的磨粒数就多，磨屑残留就少，粗糙度自然就低。但组织太密，也不利于磨削效率的提高，因为磨屑易堵塞磨料间孔隙，从而使磨料的磨削作用降低。

3. 磨削工艺参数

（1）磨削深度　磨削深度越大，表面粗糙度就越大，这是因为磨具的磨削深度与单个磨粒的切削深度成正比关系，单个磨粒切削深度增加，磨粒切削刃承受的力增加，磨粒破碎加剧，切削刃高度一致性也变差，这就造成磨具机械振动增加，使宝石表面所受冲击力增加，从而破坏了表面质量。因此，宝石加工过程中，磨削深度越来越小。

（2）磨具工作面的线速度　在其他条件相同时，加工表面粗糙度随磨具工作面线速度的增大而降低。这也是由于单位时间参加磨削的磨粒增多的缘故。

（3）宝石给进量　宝石给进量与其所受的推进压力成正比。在正常条件下，宝石给定量增大，会促使宝石表面质量变坏，粗糙度增高。

（4）磨具半径　磨具半径增大，表面粗糙度就降低，这是因为磨具半径增大，一则可以增大工作面的线速度，二则可以增强磨具稳定性，使振动减小。

（5）磨具冷却液　冷却液具有吸热、润滑、清洗等 3 个作用，因而对提高加工表面质量具有重要作用。另外，若冷却液不纯，所含的磨屑和杂质同样可以降低宝石表面质量，所以，冷却液的及时过滤或更换是十分必要的。

（6）机械振动　当磨具在轴向有窜动或摆动时或磨具平面度不好时，磨具工作面与宝石加工面之间有相对振动，这就会使磨粒对宝石表面的冲击力增加，一则造成宝石表面破裂加剧，二则使磨粒破损增加，从而使宝石表面粗糙度增加。所以，在宝石加工中，对加工机械的整机刚性和磨具运转的平稳性要求很严，特别是在细磨和抛光过程中，要求机械振动达到最小程度。

第五节　加工余量

一、加工余量的概念

在宝石加工过程中，为了从宝石原石和宝石毛坯得到宝石设计的琢型和体现宝石的美的特征（颜色、亮度、光泽、透明度及各种特殊的光学效应），必须去除一定量宝石表皮层，这个被除去的宝石表皮层就称为加工余量。根据宝石的加工工序不同，加工余量可分为切割余量、预形余量、粗磨余量、细磨余量和抛光余量。在每道工序之后给下一道工序留下的余量称为工序余量。所有各工序余量的和称为总加工余量。

二、加工余量确定的原则

加工余量的确定在宝石加工中十分重要，但又很不好掌握。加工余量太小，就会达不到宝石琢型设计的要求，也难达到高水平的工艺精度。反之，若加工余量太大，只会造成宝石重量的损失，且增加了加工的时间，从而增加加工成本。所以，适当确定加工余量对于准确实现宝石设计是很关键的。目前，确定加工余量还很难定量化，因为影响加工余量确定的因素很多，如宝石原石本身的形态、大小、所含杂质多少及分布、物理性质、所设计的琢型的特点和工艺要求、工艺顺序、加工方法、所用的加工设备精度、磨料磨具特点以及加工者的技术水平等都对加工余量的确定产生影响。因此，对加工余量的确定只能提出一个基本原则，由加工者在具体加工实践中，逐渐总结经验，摸索一套合适的加工余量确定方法。

宝石加工余量确定的原则：每道工序中去除的余量 Δ 大致等于上一道工序产生的破碎层深度（由于磨削压力和磨削热所造成的破碎层）F_{n-1} 与本道工序所产生的破坏层深度 F_n 之差，如图 4-8 所示，在第一道工序完成之后，宝石加工表面产生了破裂层 F_c 和凸凹层 h_c，破坏层最深处以 AA′ 线表示，当第二道工序磨料磨削时，产生凸凹层 h_1 和破裂层 F_1，其破裂深度不应超过 AA′ 线的位置，其加工余量 $\Delta_1 = F_c - F_1$，第三道工序的加工余量为 $\Delta_2 = F_1 - F_2$，以此类推，第 $n-1$ 道工序的加工余量 $\Delta_n = F_{n-1} - F_n$，故有 $\Delta_1 > \Delta_2 > \cdots\cdots \Delta_n$，最后一道工序的加工余量极小，一般其深度线允许略超出 AA′ 线，然后通过抛光消除相当细微的破裂层。

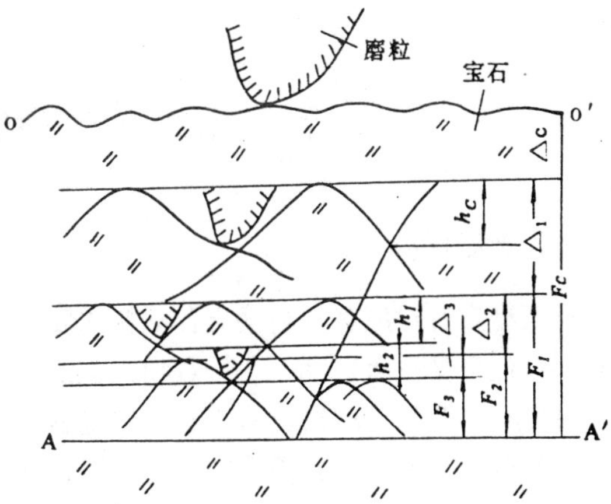

图 4-8　磨粒磨削作用产生的破裂面、表面凸凹层和加工余量的关系

要说明的是，运用上述的原则计算加工余量仅是理论上的，实际上还达不到。在大多数情况下，后续工序的破裂层深度不可能限制在第一道工序破裂层最深处 AA′ 以上，往往会略有超出。另外，每道工序的加工余量在完全去除前道工序所造成的凸凹层的前提下，要达到最小值是很不好掌握的。只有在设备精良、加工人员技术水平很高且加工经验丰富的条件下，才能掌握好加工余量的大小。确定加工余量通常应注意下列情况：

①高档宝石的加工余量应尽量小些，中低档宝石可以适当大些；

②硬度大的宝石加工余量应尽量小些，硬度小的宝石加工余量可以大些；

③若为了保存尽可能大的宝石重量，则加工余量可小些；若为了追求工艺精度以体现宝石的某些特殊光学效应，则加工余量可以大些；

④宝石琢型越复杂，加工工序越多，则加工余量总和就越大，反之就小；

⑤宝石粒度越大，加工余量就越大；

⑥在加工成本合理、加工质量符合要求的情况下，应尽量选用能使加工余量比较小的加工方法；

⑦加工设备精度高，加工余量则小；

⑧加工者操作熟练程度高时，加工余量可小些，反之应适当大些。

第五章　凸面型宝石的加工工艺

第一节　凸面型宝石的原石材料和设计要点

一、原石材料

凸面型宝石对原石材料没有什么特殊要求。所有种类宝石原石几乎都可以作凸面型宝石的材料。但根据凸面型宝石的特点和人们的爱好，一般选用半透明—不透明的宝石材料。常用的种类有：翡翠、欧泊、蓝宝石、红宝石、绿松石、孔雀石、青金石、变石、月光石、日光石、石榴石、天河石、玛瑙、珊瑚、琥珀和其他一些玉石材料。

二、设计要点

凸面型宝石的设计原则和设计步骤与第二章所介绍的基本相同。这里仅强调一下凸面型宝石设计中的几个要点：

（1）凸面型宝石主要是突出表现宝石的颜色、光泽和特殊光学效应（猫眼效应、星光效应等），因此设计中要注意定位；

（2）凸面是主要的观赏面，因而尽量不要留有裂纹和脏点以及其他瑕疵；

（3）对中、低档宝石，凸面型宝石的腰部直径要有一定规格设计，少数珍贵宝石可以不按规格，只根据原石形状设计。常用的凸面型宝石规格见表 5-1。另外，凸面型宝石的厚度一般在 3—6mm 之间，具体设计中，不必受此限制，可根据原石特点及需要适当增减。若原石透明度差，则厚度可以薄些，反之，则可以厚些。同样，若透明度较好，但色太深，则薄些，反之则可厚些。

表 5-1　凸面型宝石几种常见腰形的比例规格

腰　形	规　格　(mm×mm)
圆　形	4，5，6，7，8，8.5，9，9.5，10，11，12，14，16，18，20，24，30，36
椭圆形	5×3，6×4，7×5，8×6，9×7，10×8，12×9，13×10，14×11，16×12，18×14，30×22，40×30
长椭圆形	10×5，12×6，14×7，18×8，24×10，30×12
橄榄形	12×6，14×7，18×8，24×10，30×12
长方形	10×6，12×8，16×10，18×12，24×16，30×22

第二节　凸面型宝石的加工工艺流程

凸面型宝石加工工艺流程如图 5-1 所示。

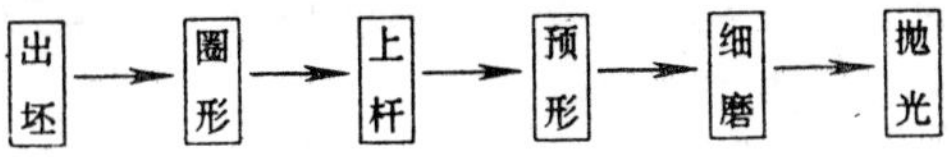

图 5-1　凸面型宝石加工工艺流程框图

共六道工序，在有些情况下可能还会有些辅助的工序。下面分别介绍一下各道工序。

一、出坯

出坯工序包括二项工作：①画线；②下料。

1. 画线

画线对于颗粒小的贵重宝石原石是不必要的，因为此类宝石原石一般直接在修整锯上稍稍去除边角余料，就可以进入下道工序（圈型）。

对由大块料经切割而成的片料，画线就十分必要了，一则是在片料上进行画线，可以料尽其用，二则也是为了下料时准确方便。画线的画笔可用铜线或铝线代替，也可用彩色铅笔。

为了准确按一定规格画出腰形，通常要使用模板。模板多用塑料或有机玻璃片制成，也有用不锈钢片制作的。模板上所开的各种大小尺寸的圆、椭圆、橄榄形及方形孔都是根据生产要求而设计的，以便于装镶（图 5-2）。

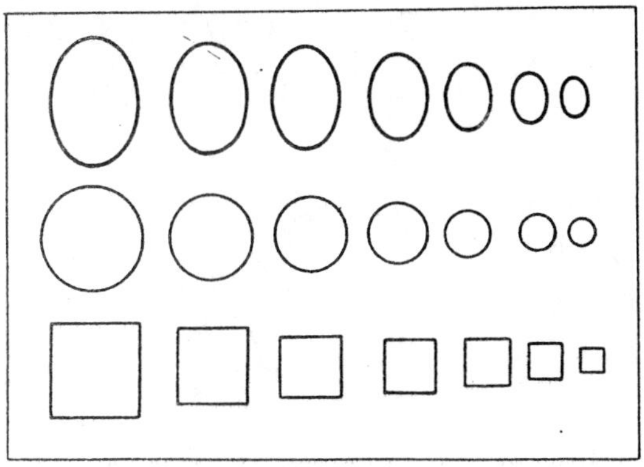

图 5-2　模板

画线时，将模板上选定的形状孔对在作宝石底面的片料面上，用画笔画出腰形轮廓，画得越细越好，最好不要重描，以免局部线条加粗，使形状发生偏差。

2. 下料

下料的方法就是锯割，即按所画的轮廓，切除余料，锯缝不可完全与轮廓线重合或偏进轮廓线内，而应离轮廓线有大约 2—4mm 的余地。因为大多数宝石性脆，切割时易产生裂纹，若距线太近，裂纹有可能延伸入轮廓线内，从而造成不必要的损失。

切割用的设备是小石切割机（修整锯），锯片直径较小，在 100—150mm 左右，厚 0.15—0.4mm。切割时一般用双手持石片进料，因此，片料一定要在载石台上放平，手指捏稳片料，用力均衡。给料进刀时的注意事项如下：

（1）切割机载石平台要清理干净，不能有碎石屑存在，否则进料时，片料会发生歪斜振动，损伤锯片，使片料本身发生崩裂；

（2）要控制好进料的压力，一般以片料顺畅进刀而不产生火花或火花极少为好。另外，开始进料速度要缓慢，等切入一段后再适当加快进料速度，快要切透时，速度要放慢，不可用力太大，否则片料会自行崩裂，在末端形成一突出棱角或一崩口；

（3）切割过程中若感到锯片“粘滞”力很大，或者火花过多，噪音加强，应该轻轻退出刀口，搞清原因，不可强行加力推进，否则会造成“锯损石裂”的局面，且弄不好会伤及手指；

(4) 切割应按直线进行，不要为迁就弧形轮廓线，而压锯片一侧，使之沿弧线切割，这样做的结果适得其反，同样会损坏锯片和弄碎片料；

(5) 切割中，冷却要充分，冷却液不要中断，否则切割高温会使锯片发生变形，或材料崩裂。

切割只能获得一个大致形似腰形的毛坯，如图 5-3 所示。进一步的修整需要下道工序来完成。

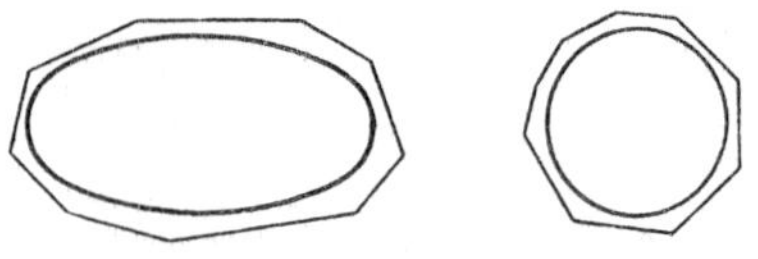

图 5-3 下料的毛坯形状

二、圈形

圈形就是通过砂轮磨削，把腰形圈出。圈形所用的砂轮直径尽量大一些，在 250mm 以上。砂轮一般是 80#—100# 的碳化硅磨料。

圈形时也可以用手持毛坯进行，将毛坯底面朝上，便于观察磨削情况。在把坯料边缘棱角逐渐磨去时，应注意去除的量不可过多，要留一定的工序余量。所圈形状与所画轮廓线基本等距，留出距离不应小于 0.5mm，但不要大于 1mm。另外，圈出的腰面应尽量垂直于底面。

为了防止底面边缘因尖利而崩口，在圈形完成后，可以在底面边缘磨出一小斜面，小斜面与底面的夹角以 40°—45°为好。此时小斜面的一边可以与轮廓线重合，但不要磨去轮廓线（见图 5-4）。

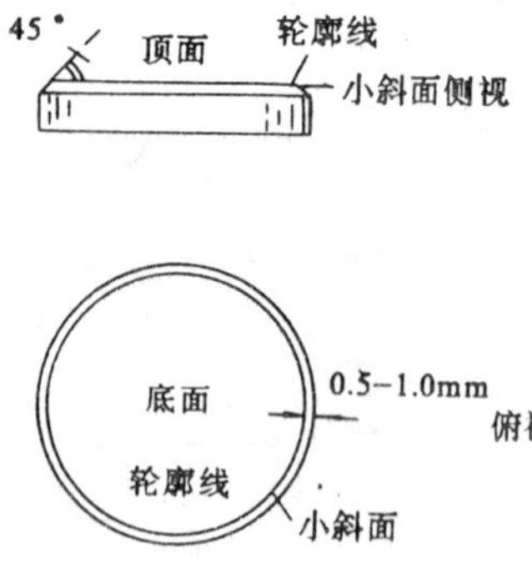

图 5-4 圈形及小斜边形状

圈形操作中应注意以下几点：

(1) 手持毛坯圈形时，要捏稳，冲磨中不断左右移动毛坯，使磨削面渐趋弧面；

(2) 送料时用力要适中，根据宝石硬度和韧性来确定用力大小，宝石硬度大时，用力可以大些，硬度小则用力小些。因为在同磨削条件下，硬度大的宝石磨削速度低，故要适当增加压力，以加快磨削，而硬度低的宝石不需太大的压力，就可以达到较快的磨削速度。不过，增加的压力也不要太大，以免磨削温度上升太快，，使宝石受热而破碎。另外，过大的压力还可能提高毛坯的表面粗糙度，为后面的工序增加困难。有时改变砂轮的转速，也可以适用不同硬度宝石的磨削要求；

(3) 圈形中，冷却水的供应十分重要，不能中断冷却水，以免产生高温；

(4) 砂轮磨削比使用修整锯更易伤手指，故操作一定要小心，有条件的话，最好戴上乳胶手套。

三、上杆

圈形完成后，就要预形凸面。用手持毛坯直接进行预形，也无不可，但难以准确灵活地操作，且也易伤及手指。为此，可以将毛坏用粘结剂粘在一个粘杆一端，然后手持粘杆进行预形就方便多了。

粘结毛坯用的粘杆一般长 100mm 左右，用黄铜或铁杆制成，也可以用硬木料削制而成。粘杆一端为圆形，作为粘结端。其直径大小依据所预形的毛坯大小而定，一般为 6—12mm。

上杆工序就是用粘结剂将坯料底面粘结于粘杆上，具体操作步骤如下：

(1) 先把宝石毛坯和粘杆清洗干净。粘杆可用酒精清洗，化学性质稳定的宝石，也可用酒精清洗，少数化学性质不稳定的宝石不宜用酒精，可直接用干净的自来水清洗；

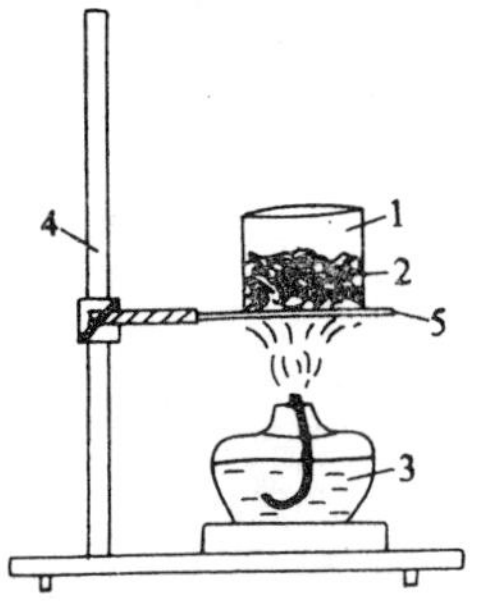

图 5-5 粘结剂加热装置
1. 金属容器；2. 粘结剂碎料；3. 酒精灯；4. 托架；5. 石棉网支撑台

(2) 把粘结剂碎成小片放入一金属容器中(直径在 10—15mm)，置于电炉或酒精灯上缓慢加热，使粘结剂熔融，并保持温度不要太高，以免粘结剂老化失效，为使加热方便，可以采用图 5-5 所示的简单加热装置；

(3) 把粘杆的粘结端浸入熔化的粘结剂中，浸入深度约 10mm 左右，稍停片刻，让粘结剂充全浸润粘杆，然后取出粘杆，粘结端朝下，垂直放于一块金属板上（白铁皮），等冷却后，就会形成一截圆锥状胶体。把粘杆插在插板上以备用；也可以把宝石坯料预热一下，倒置于工作台上，底面向上，把刚从熔融粘结剂中取出的粘杆直接按在坯料底面上，并在其未完全硬结时，用手指扶正坯料，使其底面尽量垂直于粘杆，待粘结剂完全冷却硬结后，就可以进行下道工序了。

上杆时需要注意的是：

(1) 宝石坯料和粘杆的清洗一定要彻底，若用酒精清洗不净脏点或油污时，可考虑用稀酸或稀碱溶液先清洗一下，然后用干净水冲洗几遍，凉干或烘干后才可使用。清洗不干净，会使坯料与粘杆之间粘结不牢，预形的过程中易脱胶，造成不必要的麻烦；

(2) 宝石坯料预热一定要均匀，因为大多数宝石热膨胀性不高，导热性差，受热不匀，易发生破碎。可用镊子夹住坯料在灯焰上来回移动加热，时间不宜长，对怕热或对热敏感的宝石，可把坯料放在一石棉网（板）上，然后加热石棉网，并不时翻动坯料，使其均匀受热；

(3) 粘好坯料后的冷却，最好在空气中任其缓慢进行，不要放入冷水中冷却，这样做一则会使宝石因温度骤降而破裂，二则可能会导致粘结剂变脆，发生脱胶现象；

(4) 凸面型宝石一般采用黑火漆胶或红火漆胶粘结剂，用量多少要根据毛坯大小而定，不要用得太多，能粘住不脱胶就可以了。

四、预形

预形就是用砂轮磨削出造型。通过预形，要求坯料基本获得所设计的凸面形状。

预形使用的轮磨机最好带有 2 个碳化硅砂轮，一个为较粗磨料的砂轮，直径在 300—400mm 左右，磨料粒度在 80#或 100#，硬度选中软为好；另一个是细砂轮，直径为 200—300mm 左右，粒度为 180#或 220#，硬度以中硬为好。

粗砂轮主要作用是磨削去大部分预形余量，细砂轮的作用是进一步修整去掉粗砂轮留下的预形余量和划痕及微裂纹等，提高坯料表面的圆滑程度，降低表面粗糙度。

1. 预形的具体操作步骤

(1) 打开冷却水装置，开动电机，待砂轮转动平稳后，就可以开始预形，一般粗砂轮转速宜在 1500 转/分左右；

(2) 手持粘杆将坯料顶部磨出一斜面，斜面与垂直方面的夹角约 10°—15°（见图 5-6a）。磨斜面时，要不断转动粘杆，使斜面尽量成圆环带；

(3) 在第一个斜面磨好后，向顶部方向再磨出第二个斜面（图 5-6b），并依次向该斜面两侧依次磨出第三、四、…斜面，使顶面渐趋近于弧形凸面（图 5-6c、d）；

(4) 粗砂轮磨削初步预形完成后，仍有明显的小平面存在，继续用粗砂轮效果不好，此时应改用细砂轮。细砂轮由于粒度细，线速度快，故用于修整和降低表面粗糙度，以便为后续的细磨工序创造好条件。细砂轮的预形操作方法与粗砂轮基本相同，只是不一定按斜面顺序圈磨。操作中用力要轻，转动要快，持续不断，尽量磨去粗砂轮留下的划痕和裂纹，并使凸面更趋于圆滑。

预形粗磨操作动作的熟炼程度很重要，初学者可能掌握不太好，所预形的凸面不是出现不对称的歪斜现象，就是凸面圆滑度不够。只要经过一段时间的练习，是可以掌握要领的。

2. 预形操作中的注意事项

(1) 砂轮安装一定要牢固平衡，不平衡的，一定要调整平衡后再使用，不然，砂轮会产生很大振动，严重时会发生砂轮破裂抛出，伤及操作者；

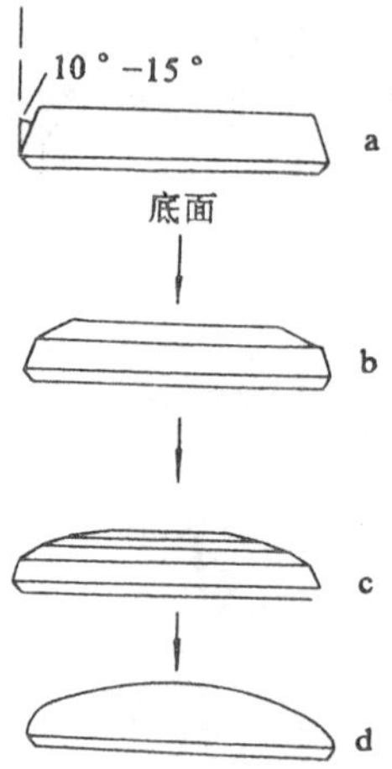

图 5-6　粗磨步骤简图

(2) 磨第一个斜面时，注意不要超过底面小斜面的边，最好留一点余地，形成一条腰带(0.2mm 左右)；

(3) 粗砂轮初步预形时，用力要适当，不要过大，否则会磨削过量，还会产生较深的裂纹，使细砂轮难以消除，既使去除掉，也会使宝石坯料难以保持设计尺寸，从而浪费原料；

(4) 冷却要充全，以减少宝石受热崩裂的危险。

预形工序中，对砂轮磨削面的质量要求较高，特别是细砂轮，要求其磨削面始终保持有锋利的磨粒，各磨粒尽量有一致的高度。砂轮经过一段时间的使用，往往会发生磨损，造成表面磨粒钝化、砂轮外形失去原有平整度。特别是当操作不当时，如仅在一个部位磨削，更易使砂轮发生磨损变形现象。若不及时加以修整，轻则降低磨削效率，重则会增大砂轮对宝石坯料的冲击，使宝石受损。

砂轮修整通常用金刚石笔进行，常见的 2 种金则石笔如图 5-7 所示，图 5-7a 金刚石笔是由较细的金刚石碎颗粒或金刚石粉，与结合力很强的合金粉末，经过压制烧结而成。图 5-7b 金刚石笔则是采用较大单颗粒金刚石镶焊在一个金属笔杆上制成的。

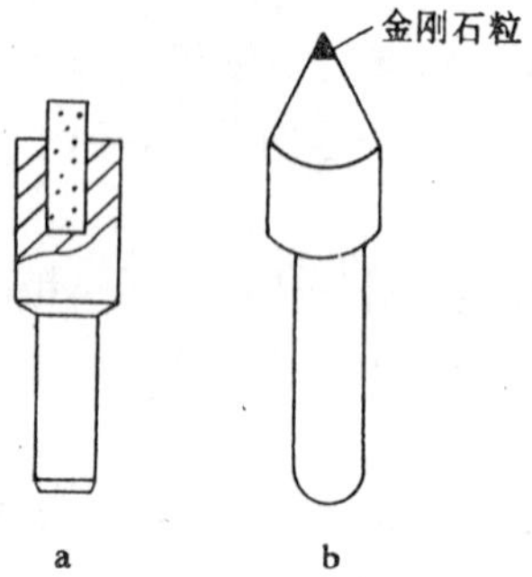

图 5-7　金刚石笔

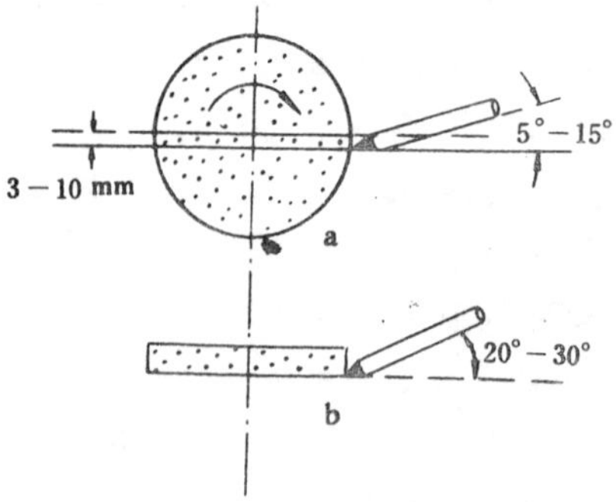

图 5-8　金刚石笔的修整位置

金刚石笔修整点一般不得高于砂轮中心线，而应略低于中心线 3—10mm，这一数值大小视砂轮大小而定。金刚石笔修整砂轮最佳位置如图 5-8 所示，金刚石笔轴线与砂轮水平半径线在垂直面上的夹角在5°—15°之间（图5-8a），同时，在水平面上，金刚石笔轴与砂轮水平半径之间的夹角为20°—30°（图5-8b）。这种位置不仅修整效果好，而且也便于操作者在修整时观察。

若没有金刚石笔，用废砂轮块或油石进行也可以。修整时选砂轮块一较平整的面来作工作面，最好用一个支撑砂轮块，并使接触面也低于砂轮中心线。

五、细磨

细磨是进一步提高造型精度的工序。它的设备有多种，有轮磨机、盘磨机和带磨机。无论哪种设备，其共同的特点是，磨具受宝石坯料压迫时，能产生一屈服面，将宝石坯料表面包住。很显然，这个屈服面可以增大宝石坯料与磨具的接触面，从而使磨削的宝石坯料表面的圆滑程度大大提高。

细磨工序的作用是消除预形所留的工序余量，并使粗磨所产生的微小平面、划痕和裂纹去掉，进一步降低宝石坯料表面粗糙度，为下一道抛光工序提供有利条件。

1. 轮磨

细磨用的轮磨磨具形似砂轮，其基体用金属或木轮制作，外圈用橡胶皮套粘结在基体上。橡皮厚约10—15mm，内含金刚石粉。此种橡皮轮很适合于磨削硬度高的宝石，如红宝石和蓝宝石等。但由于价格较高，故不常用。其他轮磨磨具还有基体外用橡胶皮或硬海绵粘结，外面又粘一层布砂带，或直接用糊状散粒磨料在皮革外皮的轮磨磨具上细磨，所用磨粒为240#或280#碳化硅。

2. 带磨

使用砂带机进行细磨，效率很高，使用也方便。只要将宝石凸面顶压在转动的砂带上，就可以获得较高的磨削效果，因为砂带与宝石坯料接触面增大。用砂带细磨时应注意经常变换磨削的位置，不要仅在一个部位磨，这样可以增加砂带使用寿命，因为砂带磨损后是无法修整的，只能更换新砂带。

3. 盘磨

这是目前采用最多的一种细磨方法。其磨具种类很多，可以自制，制作十分简单。一般磨盘基体使用金属或硬木料制成，盘面微凸，其上用胶粘结一块毛毡或软泡沫塑料，厚度在5—10mm之间，最外层再蒙一层呢绒布或细帆布，也可用皮带，用铁钉或铁丝将其固定住（图5-9）。磨料为220#—280#的碳化硅，或280#与W_{40}的金刚石粉。把磨料用树脂均匀涂布于盘面上，也可以用水把磨料调成糊状，涂在布面上使用，此时毛毡和布都应用水浸透。另外，也可以把适当粒度的水砂纸直接蒙在毛毡上，并固定，这样效果也不错。

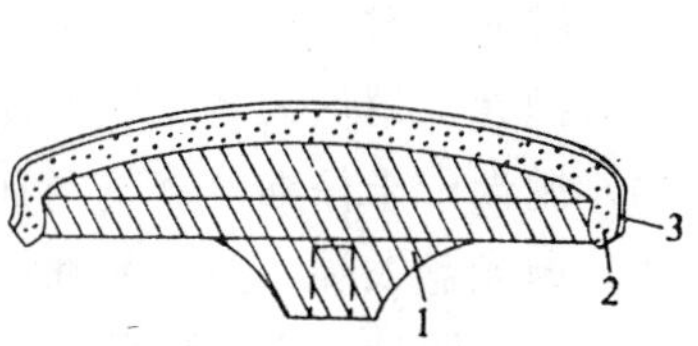

图5-9　细磨用磨盘

1. 盘基；2. 毛毡；3. 帆布

除了上面的软面磨盘外，还有一种凹面磨盘，盘面向内凹成锅形，曲率可大可小，根据需要而定，这种磨盘用软木料比较容易制作，也可以用沥青或锡铅合金制作。它们还可以用于抛光工序。

无论采用哪种方法细磨，都要注意以下几点：

（1）细磨应从坯料侧边开始，逐渐向顶中央扩展，但不要漏掉中央部分；

（2）细磨中，磨削量要少，粘杆应不停地转动和移动，使顶面各部位都能均匀磨到；

（3）对硬度较高的宝石，压力可以大些，而硬度小的宝石，压力应小些；

（4）预形时留下的划痕和裂纹必须除去。观察是否已除去划痕和裂纹，可以在坯料表面干燥时用放大镜进行。如果划痕和裂纹不除去，抛光将难以取得理想的效果，而且抛光后裂纹和划痕也特别显眼，破坏了宝石的美观；

（5）细磨时同样要注意冷却问题，避免产生高温。

六、抛光

凸面型宝石的抛光设备与细磨工序基本相同．抛光工具也与细磨工具有类似之处，即盘面可以产生一个能包住宝石顶面的屈服面。抛光工具通常用木料、塑料、沥青及锡铅合金制成。木盘一般要在表面蒙上软质弹性材料，如工业用毛毡、泡沫塑料、呢绒、帆布、皮革等。抛光盘结构和形状与细磨磨盘相似，可以向上凸，也可以凹成曲面，甚至平面盘也可以用。

抛光剂在抛光中一般用量不大，用水或其他分散剂调制成糊状，用刷子涂于抛光盘上，一次涂的量不要太多。

抛光盘转速应比细磨盘快些，所施加的压力也应大于细磨。抛光中应注意不断检查抛光情况，通常对于大多数宝石，在抛光达到一定温度，抛光盘面近于干燥时，抛光效果最佳。因此抛光时不宜加太多的水，以便抛光剂中水分能在抛光过程中迅速蒸发，只留极少水分，以达最佳抛光状态。不过，当抛光剂近干燥时，温度也会迅速上升，掌握不好，会使粘杆上粘结剂软化，引起坯料脱落，同时，由于盘面干燥，会使坯料与盘面间摩擦加剧，以致划破软质盘面。所谓近干燥不是一点水分也没有，而是仍存在少量水分。另外，对于化学性质不太稳定和热敏感的宝石，抛光时应保持适当低温，不能使温度过高。

抛光中最容易犯的错误有：

（1）抛光坯料和抛光盘未清洗干净，留有细磨的残余磨粒，结果使抛光不理想，出现难以消除的划痕；

（2）抛光时对坯料的压力不够，致使抛光时间长而效果不好；

（3）抛光剂用量太多。这不仅不会提高抛光工效，而且反会降低抛光速度；

（4）抛光中未仔细检查，局部漏抛，或抛光不充分，形成一些不光亮的暗区；

（5）抛光盘太湿，抛光剂都被离心力带到盘边缘，难以达到理想的抛光效果。

当然，不同性质宝石的抛光，除了与操作方法和熟练程度有关外，适当地选择抛光剂与抛光盘也有一定关系。一般对高硬度的宝石，抛光盘不能太软，应使用沥青盘或锡铅盘，抛光剂以红宝粉和钻石粉最佳．氧化铈和氧化铬有时也可以。而对硬度比较低的宝石，可用毡、皮革等软面盘，抛光剂可用氧化铬、氧化铁、玛瑙粉、硅藻土等。

宝石坯料在完成抛光后，通常还要稍加修饰。首先把宝石与粘杆的粘结部位加热，待粘结剂软化后，拧下宝石，然后用酒精清洗掉残留在宝石上的粘结剂。清洗干净后，就可以修饰宝石底面。用220"的细砂纸或平砂盘，把底面磨平，磨削量不要太大，要保存底面的小斜面。若宝石是半透明的，则可以把底面抛光，若不透明，则不必抛光。细磨和抛光底面时，可以手持直接进行，也可以把顶面粘结到粘杆上持之进行。粘胶方法与前面所讲相同。

另外，在底面修饰完后，还要注意清洗干净宝石微细裂纹中的抛光剂，可以用皂化液或稀碱溶液刷洗。待干后，给宝石上些蜡。

凸面型宝石的加工，总地来说是比较简单的，操作易掌握，但若想用所讲的方法出精美的凸面型宝石，却非易事，因为在整个加工过程中，每一道工序都要求认真操作，稍出差错就可能前功尽弃。另外，凸面型宝石加工需要有熟练的手法和丰富的加工经验，而欲达到较高水平，除了勤学苦练、细心摸索、及时总结外，别无它法。

值得一提的是，对于那些想从事个体加工的人和只是出于收藏而非生产的加工者来说，完全用手工完成从出坯到抛光的各道工序，也是可以做到的，只是所耗时间较长而已，劳动量大，比较辛苦。若能拥有一台小型的集切、磨、抛于一身的万能琢磨机，那是再理想不过了。目前国内已有厂家生产此类设备，售价不过几千元。

第三节 常见凸面型宝石材料的工艺要求和加工要领

一、红宝石和蓝宝石

1. 工艺要求

红宝石和蓝宝石用于加工成凸面型，主要是那些透明度较低，颜色较深或能产生星光效应的原石，透明度高的原石多琢磨成刻面型宝石。

红宝石的颜色以血红、鲜红最好，俗称“鸽血红”；粉红、紫红及其他红色次之。蓝宝石以纯正的深蓝色最佳，天蓝、蓝绿及浅蓝色次之，其他颜色更次。

红宝石和蓝宝石的原石重量一般需大于 0.5 克拉，才适于作凸面型宝石，优质的可以放宽至 0.3 克拉，太小就不易琢磨了。

凡是含有针状或管状包裹体的红宝石和蓝宝石，均宜琢磨成凸面型，以便突出其特殊光学效应。

另外，要求原石中杂质和裂纹少，色带不明显为好。

2. 加工要领

(1) 普通无星光效应和猫眼效应的红宝石、蓝宝石，加工按一般凸面型宝石的加工方法即可，只是要注意透明度和琢型厚度的关系，以及色形问题。对于有星光效应或猫眼效应的红宝石和蓝宝石，首先要准确定位，定位方法在第二章中已详细介绍，这里不再累述；其次，为使星光或猫眼细窄明亮，应把凸面曲率适当加大，即在腰径不变的情况下，增大凸面厚度，使凸面凸起高。

(2) 由于红宝石和蓝宝石硬度高，韧性强，从出坯到细磨若使用普通碳化硅磨料及其磨具，恐怕消耗量会比较大，且工效也低。因此在有条件时，尽量采用金刚石磨料或磨具，以降低消耗、提高工效；

(3) 红宝石和蓝宝石细磨用磨盘盘面，最好用橡胶皮或软木材料，抛光盘衬里也可用橡胶皮或软木，还可用沥青抛光盘和锡铅抛光盘，配以红宝粉或金刚石微粉抛光剂，效果极佳。若先用金刚石微粉初抛一下，继之用硅藻土或玛瑙粉细抛，效果也很好。

二、绿柱石猫眼石

1. 工艺要求

绿柱石类宝石的大多数品种选用刻面型琢型，因为其颜色艳丽多样，透明度较高。但也有若干种半透明—微透明的品种被琢磨成凸面型。对这些宝石，一般要求颜色纯正，色度高，色形均匀，有一种朦胧的“云雾”感，从内部结构而言，就是要求具有密集的“丝状”包裹体，它们平行于晶体 c 轴排列，这是产生猫眼效应的基本条件。原石重量一般不小于 0.6 克拉。在我国新疆阿尔泰山区，此类猫眼石产出颇多，颜色有浅蓝至中蓝，也有少量浅黄—酒黄色的品种。目前市面上已见有绿柱石猫眼石出售。

2. 加工要领

绿柱石猫眼石大的原石韧性比一般海蓝宝石和绿宝石高，裂纹少，易于加工成凸面型。加工时，可以先用 100# 碳化硅砂轮分别圈形和预形，然后用 220# 或 280# 的碳化硅磨料或 280#—W_{40}的金刚石粉进行细磨。抛光宜用红宝粉与水调成糊状在皮革盘上进行，也可以用氧化铈研磨膏（W_7 以下）在木盘或锡铅合金盘上进行。另外，用玛瑙粉、氧化铬等抛光剂也可以抛光绿柱石猫眼石，但效果可能差一些。

绿柱石猫眼石的设计和琢磨要注意定位，其猫光的方向应垂直于 c 轴。定位的方法前面已讲过。若原石是一块晶体碎片，无法确定 c 轴方向，可以借助放大镜或体视显微镜来确定丝状包裹体的排列方向，也可以试磨来确定方位。

三、欧泊

欧泊属珍贵宝石，其化学成分为 $SiO_2 \cdot nH_2O$，通常结构水的含量在4%—9%，最高可达20%。从成分上可以看出，欧泊属于受热易失水发生结构变化的矿物。

1. 工艺要求

（1）颜色越深越好，黑欧泊最佳，红和白欧泊次之；

（2）一定要有变彩现象，无论何种形状均可产生；

（3）原石重量应不少于 0.5 克拉，厚度不小于 0.6mm；

（4）裂纹及杂质少。

2. 加工要领

由于欧泊性极脆且对热敏感，故加工时应小心谨慎。

（1）切割多用极薄的青铜片（0.15—0.2mm）作锯片，其上滚压有 W_{40}的金刚石微粉，也可用极薄的马口铁片作锯片，配以 W_{63}—W_{40}的碳化硅粉剂和水的悬浊液来进行切割。切割中振动要小；

（2）琢磨中自始至终都要注意温度不能过高，预形和细磨应在充分冷却的情况下进行，不能中断冷却液的供应。给进磨削的压力要小，接触磨具的时间也要控制好，以免过度磨削；

（3）欧泊一般为微透明宝石，为增加亮度，常用低平的单凸型琢型，厚度很小；

（4）粘胶时尽量选用熔点相对较低的粘结剂或 502 胶；

（5）抛光可以用氧化铈或氧化铝在毛毡抛光盘或呢绒抛光盘上进行。也可以用硅藻土或红宝粉在皮革抛光盘上抛光。注意抛光时所用压力不要太大，且不要使抛光盘太热。

四、金绿猫眼石

金绿猫眼石是最珍贵的猫眼石之一，通常所说的“猫儿眼”就是专指金绿猫眼石。

金绿猫眼石应具有微细的管状气液包裹体，呈平行定向排列。其颜色好坏依次为柠檬黄、黄绿、黄褐及褐色。原石重量不低于 0.5 克拉。

金绿猫眼石的加工要领与绿柱石猫眼基本相同。只是由于其硬度较高，最好采用金刚石磨具进行预形和细磨，抛光盘用皮革盘、锡铅盘均可，抛光剂可用钻石微粉、红宝粉和氧化铈。

五、月光石和日光石

月光石具有迷人的月光效应，其品种有冰长月光石、钠长月光石和拉长月光石。月光石的乳光以天蓝色和鸽子蓝色羽毛的色泽为最佳，次为白色或灰白色。

日光石要求原石有一定的透明度，反射的金黄色光亮度大。

月光石和日光石在加工中要特别注意定位。凸面曲率较大。

加工方法比较简单。由于这类宝石韧性较好，对预形和细磨的工艺条件要求不高。抛光用普通的皮革抛光盘配以红宝粉或氧化铈即可。

六、翡翠

琢磨成凸面型的翡翠首饰石，在珠宝店经常可见。一般用作戒面首饰石的翡翠都是高档品，色艳绿，质地均匀，透明度高（俗称水头高）。

1. 工艺要求

（1）颜色以翠绿最为珍贵，带有其他色调的绿色次之。另外，要求颜色分布面大且均匀；

（2）透明度要好，起码是微透明的；

（3）质地越细腻越好；

（4）尽量无裂纹或杂质。

2. 加工要领

翡翠的琢磨比较困难，因为它具毡状结构，韧性很强。一般用金刚石锯片（0.3mm）切割，用100#或120#碳化硅砂轮圈形和进行第一道预形，然后用150#砂轮进行第二道预形。细磨用240#或W_{40}的碳化硅进行。抛光可以用红宝粉或人造蓝宝石粉在皮革盘上进行，也可以在凹面的木盘或沥青盘上抛光。当抛光至抛光盘干热时，最易出光泽。注意抛光过程中要施以较大的压力，翡翠有较好的抗震性和耐热性。

凸面型翡翠的厚度一般据其颜色和透明度而定，色好但水头不足的，可以做得薄一些，而色浅水头高者，厚度应适当大些，以增加色饱和度。

七、绿松石

1. 工艺要求

（1）颜色浓艳，以蓝色和天蓝色最好，蓝绿和绿色次之。另外要求颜色均匀；

（2）质地细腻致密，有“瓷石”之感；

（3）无黑色纹线及其他孔洞、裂纹。

2. 加工要领

（1）由于绿松石对热敏感，故加工中要注意冷却；

（2）松石有微细的孔隙，微细磨料和抛光剂以及某些有机溶剂易透入其内，故应避免使油质类冷却液和有污染的抛光剂，如氧化铁、氧化铬等；

（3）绿松石凸面型的加工与普通凸面型加工基本相同，只是抛光可以用玛瑙粉或红宝粉在皮革盘或毡盘上进行。

八、孔雀石

1. 工艺要求

孔雀石的结构很特别，有条带状、同心环状、纤维状和放射状结构。因而其琢型也应据此有所变化。一般条带状结构的孔雀石可以琢磨成方形或长方形的琢型；同心环状的可琢磨成圆形或椭圆形或心形，并尽量使环心位于凸面顶中央位置。至于纤维状孔雀石，有的可以磨出孔雀石猫眼，虽然猫眼的光带不成一条细线，而成一条窄光带，但亮度还是比较高的，活动也灵活。这种猫眼的定位方法与前面所述猫眼石一样。

2. 加工要领

(1) 孔雀石硬度较低，莫氏硬度为4，因而用碳化硅磨具磨削极快，通常直接在细砂轮(220#或240#)上完成圈形和预形，再用W_{63}或W_{40}碳化硅磨料在软质磨盘上细磨。抛光可以用氧化铬或玛瑙粉在呢绒面盘上进行，注意在抛光的最后几分种，保持盘面干热，这可以取得极好的抛光效果；

(2) 孔雀石化学性质不稳定，既怕碱酸，也怕高温，故在加工中应避免与酸性或碱性溶液接触，并保持充分的冷却水供应。

(3) 对于较难抛光的孔雀石，可以用酸性抛光液抛光，即在稀氧化铬抛光悬浮液中加一二滴如醋酸、草酸之类的弱酸，就可以使抛光加快。抛光完成后，一定要用干净的水冲洗几遍，或用皂化水清洗。

九、青金石

青金石以蓝色浓艳纯正者为最佳。加工时，应尽量避开含有黄铁矿微包体的部分。由于青金石原石中裂纹细小，不易察觉，故加工中应注意用力不要太大，一次磨削量要小。另外，青金石也怕酸，应避免与酸性溶液接触。

青金石的加工要领与绿松石基本相同。

十、玛瑙

玛瑙也是一种颜色、形态、结构多样的宝石材料。好的品种常琢磨成各种凸面型宝石，玛瑙加工中的主要问题是防止温度变化太大，因为玛瑙的导热性较差，骤热会引起炸裂。

玛瑙凸面厚度也是根据颜色和透明度而定，与翡翠的方法一样。其加工方法与一般凸面型宝石加工相同。抛光可以用玛瑙粉或硅藻土。

十一、琥珀

琥珀属于一种化石树脂。颜色以黄色或黄褐色为好，透明—半透明，质软而有一定弹性。极易琢磨。

琥珀的琢磨可以完全用手工完成。主要工具有玉工钢丝锯、锉刀和各种雕刻用的刀具。细磨可在砂纸上进行，抛光用硅藻土或氧化铝在布盘或皮革盘上进行。

琥珀怕热，150℃左右就软化，250—300℃会发生融化，另外，还易溶于几种常见的有机溶剂之中，故加工中应特别注意这些。

第六章　刻面型宝石的加工工艺

第一节　概　　述

刻面型宝石起源于欧洲，它一直是欧洲首饰石中最重要的类型。现代宝石加工业中，刻面型宝石也占有重要地位，这主要是因为刻面宝石的原材料大多数（特别是贵重的宝石）具有透明、颜色鲜艳、光泽高等特性，极适合于琢磨成刻面型，以体现宝石美的品质。另外，刻面型宝石首饰市场主要在欧美，每年需求量之大是其他琢型宝石所无法与之相比的。

一、刻面型宝石的原材料

与凸面型宝石一样，刻面型宝石对原石材料的要求不是绝对的，可以说所有的宝石材料都可 以加工成刻面型宝石。但从美学和人们欣赏心理的角度来看，习惯上把透明度作为是否采用刻面型琢型的重要尺度。也就是说，一般情况下，只有透明的宝石原石才用来琢磨成刻面型，半透明—不透明的宝石一般不琢磨成刻面型，而是琢磨成凸面型或其他琢型。当然，例外的情况也有，如欧泊不透明，但也常琢磨成刻面型。实际上，是否琢磨成刻面型，主要应看刻面型是否能最好地表现出宝石的品质美。这与宝石设计的原则是一致的。

适用于刻面型的宝石材料种类十分繁多，常见的有：钻石、红宝石、蓝宝石、祖母绿、绿柱石类宝石、石榴石类宝石、长石类宝石、水晶类宝石、黄玉、碧玺、橄榄石、变石、锆石、尖晶石等及一些与上同类的人造宝石等。

二、刻面型宝石的工艺要求和设计琢磨要点

刻面型宝石的设计原则在第二章中已详细论述过。其琢磨的原则与设计原则是一致的，宝石琢磨必须完整准确地反映设计思想和设计要求。

1. *颜色*

对于无色宝石来说，颜色是无意义的，此类宝石的重点是突出其“闪耀”的性质（火彩和亮度）和重量。而对于有色宝石，颜色就变得至关重要了。通过宝石的面角比例的设计和琢磨，要使宝石的色度更浓，色耀度增大，色调更加艳丽。若达不到这一点，则设计和切磨就失败了，所出的产品价值将大大地打折扣，反之，若颜色的各种指数达到较理想程度，则宝石将会身价百倍。因此，有色刻面型宝石的设计和加工中，颜色的问题当居首位。

2. *透明度*

透明度是刻面型宝石的设计前提，无论是有色还是无色宝石，透明度都是极为重要的因素。对无色宝石就不用说了，透明度是其能产生火彩和高亮度的基本条件。对于有色宝石，透明度和颜色往往成一对矛盾，这一点不难理解，因为有色宝石之所以有色，是因为宝石对白光（七色光）的选择性吸收和透射造成的，透射光的颜色就是宝石的颜色，因此，白光在透

过有色宝石时，一部分光被吸收，其透过的光总量总是小于入射光总光量，因而透明度也自然要降低，透明度的降低，会引起色耀度的降低，同时也会使宝石亮度降低，这并不是加工所希望的。为此，在保证颜色浓艳的同时，达到一定透明度，就成了刻面型面角比例设计和加工的一个重要问题。这可以通过一定的计算和加工试验来解决。

3. 重量

为了加工和以后装镶的方便，刻面型宝石的粒度（或重量）应有一个下限，不同的宝石其下限不同。珍贵宝石（高档品）的下限小些，通常在0.3—0.5克拉，甚至更小，普通宝石的下限可大些。

那么，刻面型宝石的重量是否有上限呢？如果从宝石本身的价值而言，不应该有，因为宝石的重量大是人们追求的目标之一，特别是对高档的或稀罕的宝石品种，重量尤其重要。但若从宝石加工业的工艺要求和首饰装镶要求考虑，重量的上限似乎又有必要，因为宝石重量太大，一则不易琢磨，二则不便装镶。这不难理解，若宝石重量大，则其刻面的各小面面积相应就大，磨削加工的加工余量也就大，加工难度就可想而知了；另一方面，从宝石面角比例上看，若重量大，为保持宝石的品质美（颜色、亮度、火彩等），其冠部高度和亭部厚度就必须大，这样一来，装镶就很困难了，即使装镶，也无法佩带，而为了迁就装镶，只能减少冠部高度、亭部厚度，以牺牲部分颜色、闪耀等为代价。这显然是不合适的，唯一可行的办法就是确定一个重量的上限。与下限一样，上限也“因石而异”，对于高档的珍贵宝石（如钻石、红宝石、蓝宝石、祖母绿等），这样的上限无意义，因为它们的原石本来就小，大于2克拉的就是罕见之珍品了，故通常有多大原石，就加工成尽可能大的成品。对于中、低档宝石，除罕见品种外，一般在生产中都有一定的重量上限（或尺寸上限）。当然，这个上限如何定，主要根据市场需要和装镶要求而定，同时还要考虑不降低宝石的价值。

4. 瑕疵

刻面型宝石对瑕疵的出现极为敏感，一个小小的瑕疵，在凸面型宝石上也许影响不大，但对刻面型宝石，则往往成为致命的缺点。因此，刻面型宝石对瑕疵的要求更加严格，一般情况下，应尽量剔除瑕疵，少量高档珍贵宝石对瑕疵的要求可以降低一点，但也应将其置于宝石不重要的部位。

5. 面角比例

刻面型宝石的面角比例是其能否充分体现宝石价值的重要参数。钻石的面角比例经多年加工实践和理论计算，已有了较完整的一套标准（查阅有关钻石加工的书籍）。其他透明宝石的面角比例问题较为复杂，由于影响因素太多（包括色彩、色度、色耀度、色调、重量、透明度、形状、瑕疵等），变化范围广，因此到目前还未能完全给出比较标准的面角比例，只是根据折光率大致确定了各种宝石的冠部角（主冠面角）和亭部角（主亭面角）的范围（见表2-5）。至于台面的大小和冠部高度及亭部厚度的比例，通常按下面比例分别对待：①无色或浅色的透明度高的宝石，若琢磨成钻式，则其台面直径可取腰部直径的1/2，对长方形或椭圆形等有长短径的琢型，台面短径取腰形短径的1/2，同时，冠部高度和亭部厚度之比均取1∶2。若琢型为阶梯式，则台面可适当放大，其短径约为腰部短径的1/2—2/3，同时亭部厚度适当减小；②对于颜色较深，透明度相对较低的宝石，台面直径宜取腰直径的2/3，冠部高度和亭部厚度的总和要较小，二者之比可取2∶3或3∶4，这样可以使宝石色耀度和透明度增强。

当然，在具体的宝石加工中，不同种类宝石，有不同的面角比例，即使同种宝石的不同品种，其面角比例也不尽相同。不论何种宝石，其面角比例都应通过计算和琢磨试验求得，不要生搬硬套或随心所欲，否则，不仅会降低宝石价值，而且白白浪费劳动。

第二节　刻面型宝石的加工工序

刻面型宝石的加工工序与凸面型宝石的基本相同，也包括出坯、上杆、圈形、研磨和抛光等5道工序。不过，在加工工艺流程和加工方法上有一定的差异，这从后面详细介绍中可以看出。

一、刻面型宝石加工工艺流程

刻面型宝石加工工艺流程比凸面型宝石的复杂，因而所耗工时也较多，具体流程如下：

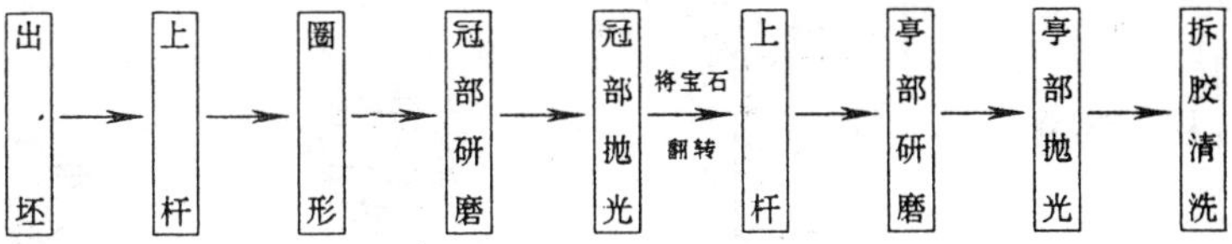

二、出坯

刻面型宝石出坯工序通常包括原石分割和毛坯修整两道分工序。但在有些情况下，不一定需要这两道分工序，而仅需修整一道工序，如单粒宝石原石较小时，就不需要分割成若干粒，而是仅修整成粗坯。

1. *原石分割*

原石分割是在原石块度较大，需要分割成两粒或两粒以上毛坯时才用。分割的方法有两种：劈切法和锯切法。

劈切分割使用不多，它主要是利用宝石中某些不连续界面或受力易碎开的低应力面来分割宝石，因此，劈切分割根据宝石原石的解理、裂纹发育程度和方向来进行。劈切分割时，应尽量使毛坯形状呈锥状体或短棱柱状，避免劈切的毛坯太碎太小和呈板状、片状、细长柱状，不然会浪费原料。

锯切分割是最常用的原石分割方法。若宝石原块较大，则需先用切块机将其分割成较小块（粒），然后用修理切割机切割出毛坯。

切割机分割较大原石时，往往会遇到两种情况：

（1）原石无裂纹和瑕疵或裂纹较小且多在表面层，此种原石的分割较简单，可根据设计的宝石粒度大小，将原石分割成规则的立方体或四方棱柱体（横截面边长与棱长的比不小于1∶3），然后用修整切割机沿横截面对角线与棱边所构成的面对称地一分为二（图6-1a），或者沿平行于对角线与棱边所构成的面分割成一大一小的两部分（图6-1b）。这样分割所得到的毛坯的顶面（切割面）多为长方形，长方形毛坯适于加工成椭圆形、长方形、橄榄形等琢型。若欲使毛坯顶面呈正方形（适于方形、圆形、六边形等琢型），则短四方棱柱的横截面边长与棱长的比约为2∶3，沿对角线与棱边组成的面对称分割即可得到正方形切割面，对立方体，则应采用图6-1b所示的不对称分割方法。

（2）原石裂纹发育，所含杂质（包裹体）比较多。此种情况的原石分割比较棘手，通常的做法是先比较仔细观察裂纹和杂质的大小、形态和分布方向等，然后进行切割，切割时需掌握下面几个要点：①先外后内：即先将无用的外皮部分切割除掉，这些外皮往往裂纹密集交错，杂质多，切除后可便于观察和进一步分割内部；②保大弃小：即切割中，应尽量保住内部裂纹和杂质极少的部分，对较小的部分，能保则保，不能保就放弃。实际上若观察仔细，运用锯切恰当的话，大的和小的可用部分有时可以同时保留下来；③切割应尽量选择较深的裂纹方向进行，不可随意进刀。在把无裂纹和杂质或裂纹和杂质较少的部分取出后，若大小与设计符合，则可进行修整。若粒度仍感到大，则需进一步分割。分割可用修整锯进行，要求切出的毛坯大粒多、小粒少，切除边角废料少。

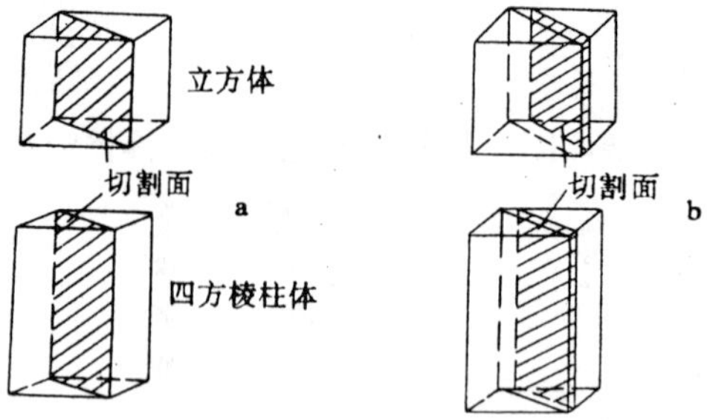

图 6-1　规则毛坯的切割方法

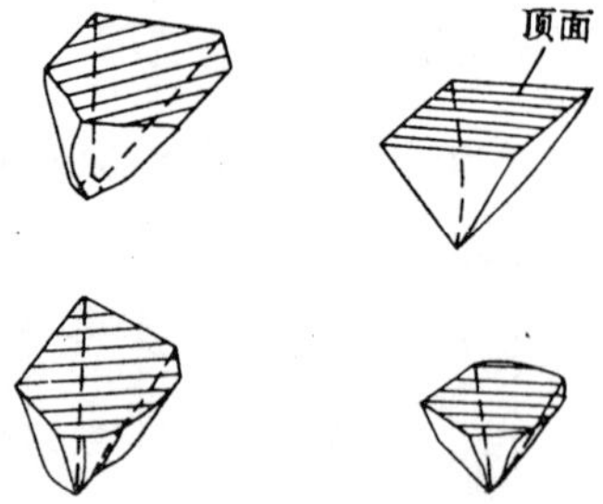

图 6-2　圆形腰形的毛坯形状

对于块度较小的原石，一般用修整锯就可分割。若宝石原石为近等轴粒状，如圆卵石状或近似椭球状，则只需从中间一分为二即可。而实际上大多数原石（包括从大块原石中取出的无裂纹和杂质的部分）形状极不规则，这给切割造成困难。怎样才能既保证切出尽可能多的毛坯，又要保证毛坯尽可能大粒多、小粒少呢？没有一定程式，只能在长期大量实践中积累经验，一般来说，不论哪种琢型，其毛坯形状应与之相近，如设计琢型的腰形若是圆形、方形及其他正多边形，则其毛坯的形状应切成倒锥体，锥体顶面为一近正多边形（图 6-2）。若设计琢型腰形是椭圆形、橄榄形或长方形等，则其毛坯形状类似于船体形状，顶面为长多边形（图 6-3）。另外，锯切出的毛坯顶面到底部边（或面）的高度应不小于顶面平均直径的一半，若太小，则在后续工序中很难研磨出设计的冠部角和亭部角，只有减小腰部直径才行，这就浪费了宝石材料，将大粒变成小粒（图 6-4a），要是不减小腰部直径，则研磨出的冠部角和亭部角就会小于设计的角度，从而造成光线的损失（漏光），如图 6-4b 所示，使宝石价值降低。当然，毛坯的高度太大也不好，同样浪费宝石材料（图 6-4c）。

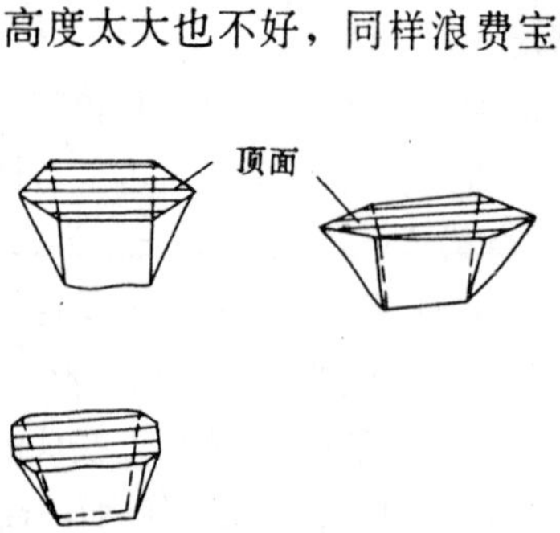

图 6-3　椭圆形腰形的毛坯

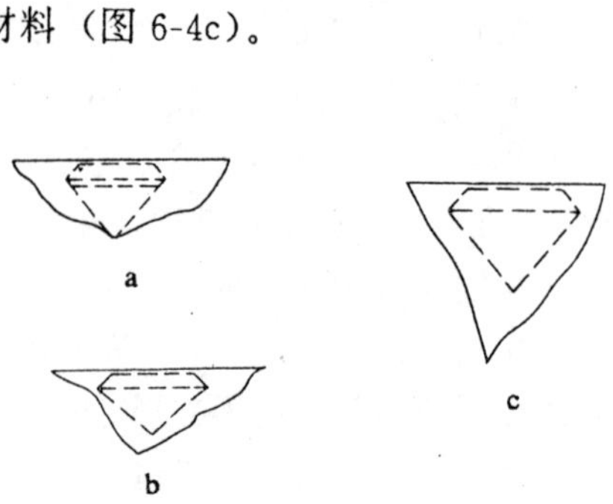

图 6-4　不正确的毛坯高度

2. 毛坯修整

锯切毛坯形状距设计琢型差得很远，要接近琢型之初形，需进行修整。毛坯修整分两步进行，先用修整锯修整边角，然后再用轮磨机冲磨出具初形的粗坯。

用修整锯进行修整，多用于硬度较大（8 以上）的宝石毛坯，这样可以使后续工序节约工时；对于硬度中等的宝石毛坯，可以不用修整锯，而直接用砂轮冲磨倒棱就可以了。

用砂轮冲磨出粗坯的步骤(见图6-5)：第一步磨削出一腰面，腰面宽稍大于毛坯高的 1/3 长，且腰面应垂直于顶面，腰面所在的部分为后面冠部基础；第二步冲磨毛坯底部，底部锯面与顶面所夹锐角应不小于 50°；第三步冲磨出一顶部小斜面，其与顶面所夹锐角在 50°以上，且要使腰面留出一定宽度，为后续工序留有一定加工余量。

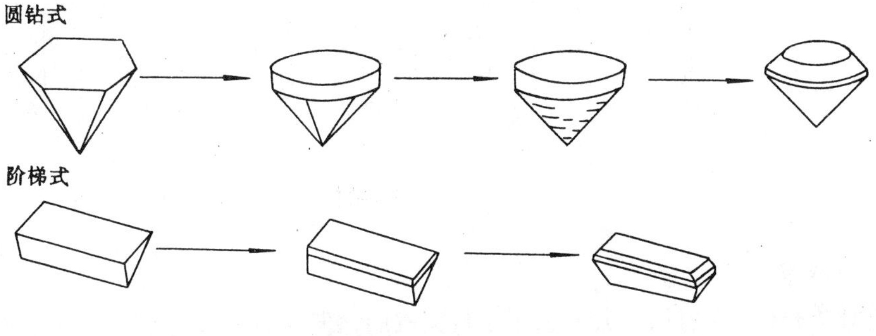

图 6-5　砂轮冲磨出粗坯的步骤

把毛坯修整冲磨成粗坯过程中，应注意以下几点：①修整冲磨时一般用手持进行，因此要拿捏稳，冲磨时要不断变换位置，磨削量不宜太大，要为后续工序留出足够的加工余量，通常这一余量在 0.3—0.5mm 之间，毛坯越大余量也越大；另外，若毛坯较小，手拿不便时，可以像凸面型宝石加工那样，先将毛坯粘在粘杆上，然后手持粘杆进行磨削，顶部冲磨完成后，再把毛坯翻过来粘在粘杆上，冲磨底部；②冲磨的每一步最好都分为两步进行，先用粗砂轮（80#—100#）倒棱，后用细砂轮（220#）冲磨；③毛坯表层的裂纹和杂质要尽量冲磨掉，必要时，可以减少毛坯大小，这要进行权衡，若裂纹和杂质估计可以用后续工序除去的话，则可以留下，用后续工序除去；④若毛坯顶面不平，可以用细砂轮侧面修平，这一工作应在冲磨前首先进行；⑤为求腰面轮廓尽量对称，可以用模板在顶面画出与设计琢型的腰形轮廓一样的轮廓线，其比设计轮廓稍大。

三、上杆

刻面型宝石的上杆比凸型面宝石复杂些，所用粘杆和粘结工具也不同。这是因为刻面型宝石用的粘杆和其他粘结工具对于准确研磨设计的小面和角度有直接影响，这一点后面可以看出。

1. 刻面型宝石粘杆

粘杆主要用黄铜材料制成，因为黄铜既有良好的导热性，又有一定的强度，可以保持一定的精度。有时，在加工中、低档宝石时，也用铁质粘杆。

粘杆的形状多种多样，长度根据需要而定，一般在 10—15cm 之间。粘杆粘结端的形状不同，其适用的琢型也有所不同，图 6-6 中几种基本形状：a 粘杆，主要用圆钻式和方钻式琢型以及腰型为圆形和正多边形的其他刻面型宝石琢型；b 粘杆用于腰形为长方形、椭圆形、橄榄形等形状的刻面型宝石琢型(包括钻石式、阶梯式等)；c 和 d 粘杆则用于粘结宝石顶面（台面)。至于一些特殊腰形的琢型，如半月形、心形等，如有条件，则可专制适合于此类腰形的粘杆，若无条件，也可以用上面的粘杆代替使用，只要粘结过程中掌握得好，同样可以取得良好效果。

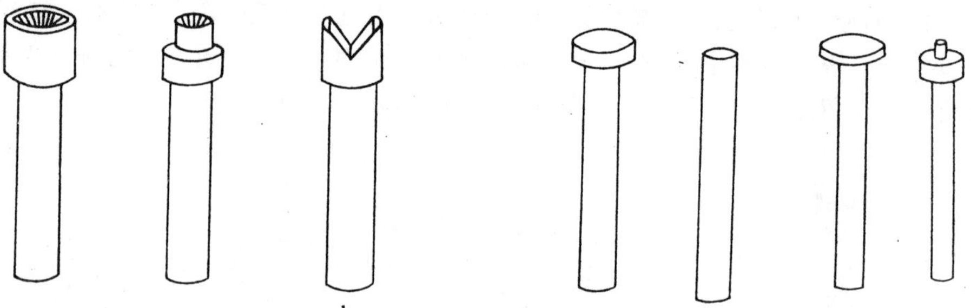

图 6-6　粘杆

2. 粘接架

凸面型宝石上粘杆时，是直接用手持完成的，但刻面型宝石则不能这样做，因为此法精度太低。刻面型宝石粗坯上粘杆后，要求粗坯的中心线与粘杆轴线重合，顶面与粘杆垂直，以便后续工序加工能精确地按设计面角比例进行。为此，刻面型宝石上粘杆有专门的粘接夹具——粘接架。粘接架可用铸铁加工而成，也可用铝合金制作，其结构如图 6-7 所示。它有两个支柱，每一支柱上开有一“V”形槽，两个“V”形槽的槽底线应准确重合，“V”形槽角应完全一样，这样可以使两个相对放入“V”形槽内的粘杆的轴线重合，以确保宝石上粘杆的准确性。

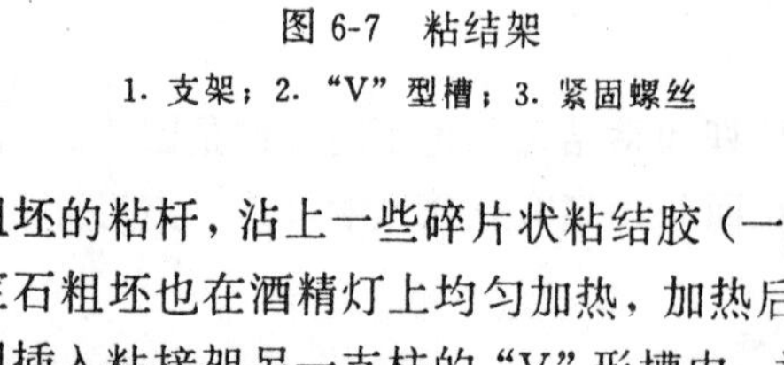

图 6-7　粘结架

1. 支架；2. “V”型槽；3. 紧固螺丝

3. 上杆

刻面型宝石在研磨前，一般是先将粗坯底部粘结于粘杆上，也即先磨出宝石的冠部。当然,，也可以粘结粗坯顶部,先磨宝石亭部,但这样做的很少。

上杆的具体步骤如下：①将宝石粗坯表面和选用的粘杆(粘结端直径稍小于粗坯腰的直径)清洗干净并凉干；②在粘接架某一支柱“V”形槽内固定一钉头粘杆，然后在酒精灯上加热准备粘接粗坯的粘杆，沾上一些碎片状粘结胶（一般使用绿条胶或虫胶与红火膝胶)，使之熔化，同时，宝石粗坯也在酒精灯上均匀加热，加热后，立即将其底部与粘杆粘结（图 6-8)，待稍冷却后，即插入粘接架另一支柱的“V”形槽内，并用手沿槽向对面钉头粘杆推动粘杆，使粗坯顶面与钉头粘杆的顶面完全接触；③与此同时，还需用手或小刀清除被挤出的多余的胶，使粘结部位不突出于粗坯之腰带上（图 6-9)。

上杆的注意事项：

(1) 粘杆和宝石表面一定要彻底清洗干净，否则粘胶后易脱胶，影响后续工序正常进行；

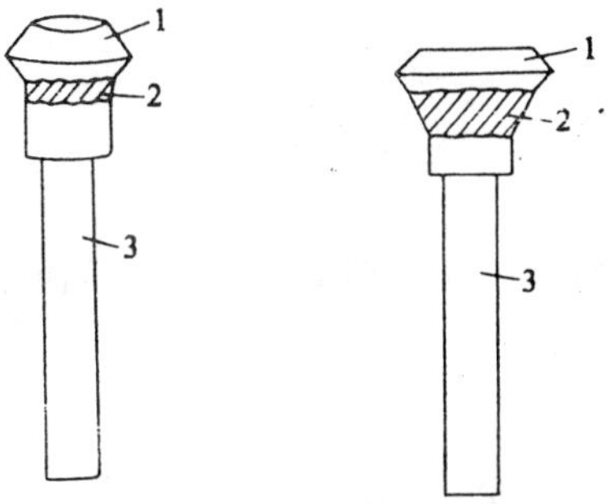

图 6-8 上好粘杆的宝石毛坯

1. 毛坯；2. 胶；3. 粘杆

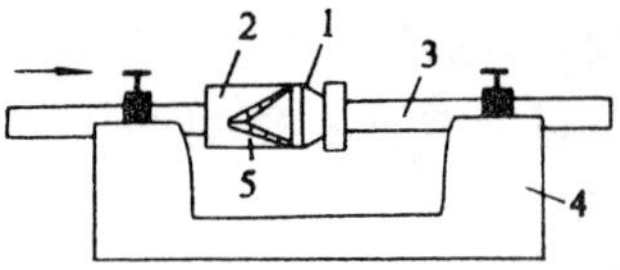

图 6-9 粘杆上粗坯在粘接架上推压、校正顶面

1. 宝石粗坯；2. 粘杆；3. “钉头”粘杆；4. 粘接架；5. 粘结胶

（2）怕热或化学成分不稳定的宝石粗坯加热，最好不要直接放在灯焰上进行，而应用石棉网或其他耐火的薄片板置于灯焰上，宝石粗坯则放在石棉网上，这样既可使温度均匀，又可使温度升高不致太快；

（3）粗坯上粘杆后，经校正，其顶面与粘杆轴线垂直，同时，粗坯中心线应与粘杆轴线重合，这样才能保障加工出对称的宝石琢型；

（4）上粘杆完成后，让粘结胶在空气中自然冷却，不可放在冷水中冷却，否则会造成脱胶或粗坯碎裂情况发生。

四、圈形

圈形就是圈磨出琢型的腰形。前一道工序所出粗坯的腰形虽然已基本呈现出设计的腰形，但精度不够，且腰面粗糙度较高，需要进一步加工。由于刻面型宝石成品的腰部很细很窄，圈形后，在后续工序中一般不再加工，故要求其形位公差尽可能小，表面粗糙度较低。

圈形的方法有三种：

（1）凭经验手持粘杆在竖直转动砂轮上或金刚石磨盘上进行，具体操作方法与凸面型宝石的圈形一样，这种方法主要适用于高档宝石或某些罕见宝石的圈形，其优点是能根据毛坯形状，圈磨出不同形状、不同规格和曲率的腰形，如圆形、椭圆形、橄榄形、心形、梨形等。

（2）在一种称之为仿形架的夹具上完成的。仿形架的主要结构为一可以装带宝石粗坯的粘杆的夹头，连接夹头的芯轴，芯轴的另一端可以装配不同形状的模型块，如圆形、椭圆形、橄榄形、心形及圆三角形等。转动仿形架的芯轴，就可以使装在夹头的粘杆上粗坯在磨盘上圈磨出与模型块相同的形状。仿形架一般用于中、低档或人造宝石的大批量标准化生产，其优点是效率高、操作方便、精度高，但由于模型块限制了腰形的形状和曲率，因此，对于高档宝石和某些加工量少的罕见宝石显然不适用。

（3）使用后面将要介绍的研磨夹具（八角手和机械手）来圈磨三角形、四边形及各种多边形的腰形，这与前两种方法不同，前两种方法只能用于圈磨弧线形的腰形。

圈形所用磨具的粒度多采用 180#—220#，有些还需用 240# 和 W_{63}—W_{40}的磨盘细圈磨一下。

圈形操作中应注意以下几点：①无论用哪种方法圈形，都要始终使粘杆平行于磨盘的盘面，这样才能使圈磨出的腰面垂直于顶面；②手持粘杆圈形时，最好能事先用模板在粗坯顶面用细铅线画出所要圈磨的形状，然后再按线的轮廓圈磨；③圈出的腰面平均宽度至少大于粗坯高度的1/3，但也不宜太大。

五、冠部研磨和抛光

冠部研磨要在刻磨机上完成。对此工序的要求是必须将宝石完全加工到设计的形状、尺寸和面角比例（以标准圆钻式为例）。

1. *研磨步骤*

（1）先用45°块（见图6-10）把上了宝石粗坯的粘杆固定于夹具上，使台面朝下平行于磨盘，然后将台面磨平整（图6-11a）；

（2）把粘杆直接上于夹具上，以冠部角角度40°切磨第一层8个主小面（图6-11b）；

（3）再磨出8个星小面（图6-11c），角度为25°；

（4）研磨上腰小面（16个），角度43°—45°，见图6-11d。

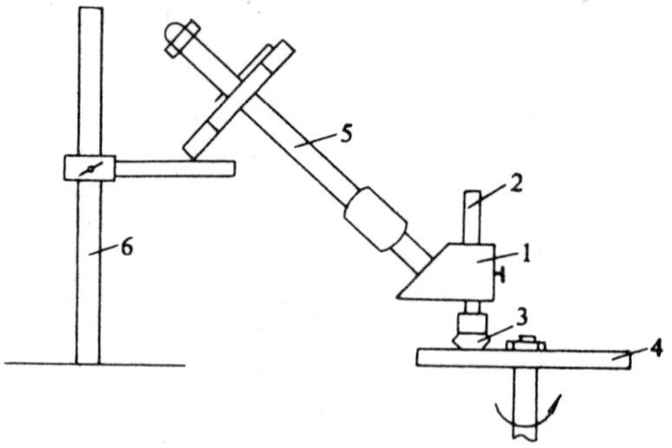

图6-10 用45°块研磨冠部台面

1. 45°块；2. 粘杆；3. 宝石坯料；4. 磨盘；5. 夹具；6. 托架

至此冠部研磨完毕。研磨中应注意：①研磨第一层8个面时，要使各小面大小一样，当台面直径达到腰直径的50%—60%时就算完成，具体多少要据加工客户要求和宝石材料性质而定；②星小面加工完后，它们和台面应构成两个正方形，且星小面的高约为第一层面棱线长的一半左右，星小面太小或太大都不合适；③研磨中动作要轻，宝石与磨盘接触时要轻，用力要适当，接触时间要短，并不断观察磨削进度；④研磨时注意加冷却液，以免磨削温度过高而使宝石破裂。

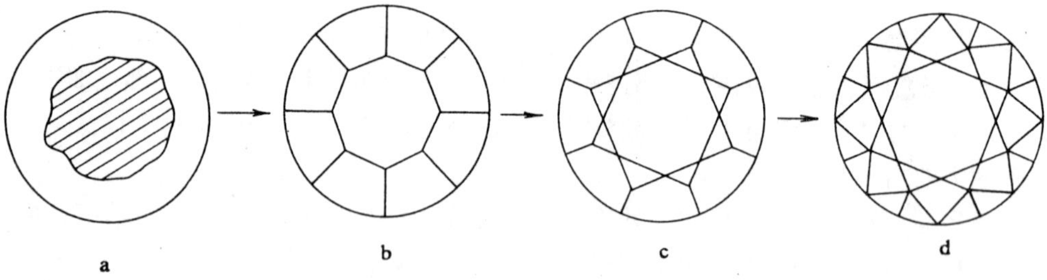

图6-11 圆钻式冠部的研磨步骤

2. *冠部抛光*

抛光时，将磨盘换下，装上抛光盘，然后涂上抛光剂，就可以进行抛光了。

抛光的步骤与研磨略有不同，首先抛光8个星小面，再抛光8个主小面，然后抛光16个上腰小面，即从台面向腰部方向依次抛光，最后才将台面抛光。抛光的操作方法基本与研磨相同，不过若操作恰当的话，抛光速度要比研磨的快得多。

抛光中应注意以下几点：①尽管抛光过程中所磨去的余量极少，但若不注意控制，抛光时间过长，则可使某个面与其他面不对称，出现小面歪斜、三相邻面不相交于一点等错误；②抛光盘面和抛光剂要保持干净，不能有较粗粒的磨粒残留，否则不仅达不到抛光的目的，反而使宝石表面留下擦痕；③正常抛光过程中，宝石抛光面与抛光盘、抛光剂之间摩擦所产生的声音轻微悦耳，若有刺耳的噪音产生，则应立即将宝石与抛光盘脱离，并检查产生噪音的原因。

六、亭部研磨及抛光

1. 研磨

冠部抛光完成后，就可以将坯料从粘杆上取下，掉转方向，将冠部粘结于一平头粘杆之上（图 6-12）。

亭部琢磨除无台面外，基本与冠部相同，具体步骤如下：

（1）先以亭角琢磨出 8 个亭主小面（图 6-13a）；

（2）再琢磨出 16 个下腰小面（图 6-13b），下腰小面的棱长大约是亭主小面棱长的 1/3。

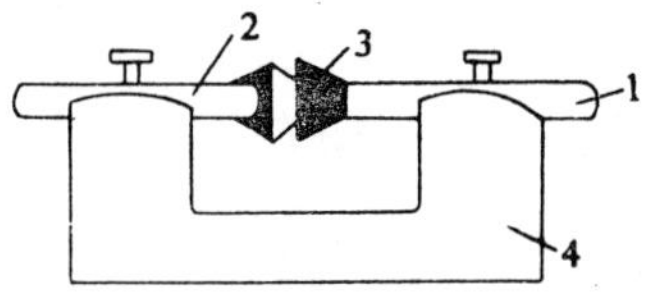

图 6-12　换粘杆

1. 平头粘杆；2. 粘结有坯料的粘杆；3. 粘结剂；4. 粘接架

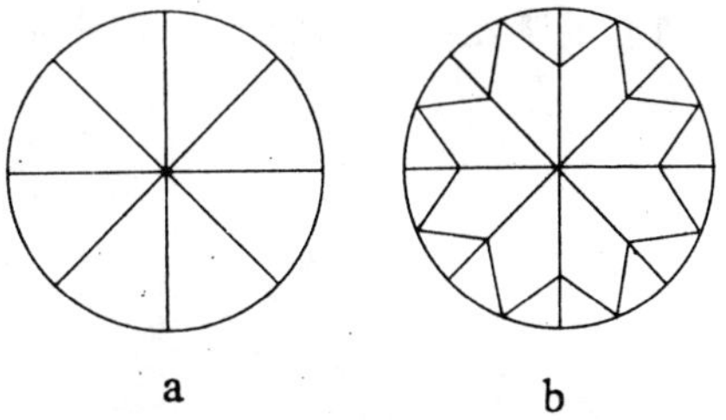

图 6-13　圆钻式亭部的研磨步骤

亭部研磨最易发生的问题有两个：①亭主小面如何与冠主小面对准，若在换粘杆时凭眼观察对准，则出错较多。通常是在某一刻度上将制滑器的位置记住，换杆后通过试磨来确认是否对准。②换粘杆后，宝石轴线轻微倾斜，这目前只能用手在使粘胶受热软化时作调整，要避免发生此种情况，在换粘杆时尽量使宝石轴线与粘杆轴线重合，并使台面垂直于轴线。

2. 抛光

亭部抛光与冠部抛光一样，从底角向腰部方向依次进行，即先抛光 8 个主小面，然后抛光 16 个下腰小面。

亭部抛光完成后，就可以拆胶，清洗宝石了。至此，一粒宝石就加工完毕。

第三节　常用刻面型宝石刻磨机简介

刻面型宝石的加工不同于凸面型宝石，它要琢磨出几十至上百个不同的小面，且要求面与面、线与面及面间夹角有对称性和一定比例，也就是要按宝石设计的款式加工。用手持粘杆的方法是做不到这一点的，必须借助于一定的夹具装置进行控制。人们知道，当粘杆与水平磨盘角度一定时，可以通过转动粘杆来琢磨出一层小面，这些小面与台面的夹角（锐夹角）是一样的。而当变动粘杆角度为另一值时，又可琢磨出另一层小面，如此可以琢磨出多层小面。由此可见，刻面型宝石的琢磨主要是通过控制粘杆与水平面（磨盘）的夹角和粘杆轴的转动来实现的。根据这个原理，人们设计了多种刻面型宝石的夹具装置（俗称机械手）。

最早使用的刻磨机是壁式刻磨机（如图 6-14），它是用一带许多孔的木板或木桩与粘杆配合来琢磨刻面型宝石的。这种设备制作非常简单，但精度极差且不好掌握，故目前已被淘汰。

下面着重介绍在国内常用的两种刻磨机：

一、"八角手"刻磨机

该刻磨机主要由三部分构成，如图 6-15 所示。

(1) 动力装置　一般是采用电机作动力，磨盘轴可以直接连接到电机轴上，也可以通过皮带与电机轴连接。前者稳定性不如后者，但可使刻磨机结构紧凑。

(2) 八角手　是一种夹具，因为带有一个八边形模块，故俗称"八角手"。它的结构如图 6-16，其前端是一个固定粘杆的卡头，把粘杆插入端孔内，然后拧紧外套的螺栓，就可以使粘杆固定不动了。八角手后端有一个正八边形模块，通常用耐磨硬塑料车割成。在模块上有一圆形凹槽，内装一圆形孔盘，它与模块同心，由一螺丝将其与模块连接，固定、松开螺丝，模块与孔盘可以相对转动，因为螺丝在模块上有一弧形滑动槽。另外，孔盘上开有 8 个孔，有一孔制子，其一端与手柄相连接，一端呈钩状插入孔中。一旦孔制子插入某一孔，则手柄连同粘杆一臂不会与模块之间发生滑动。

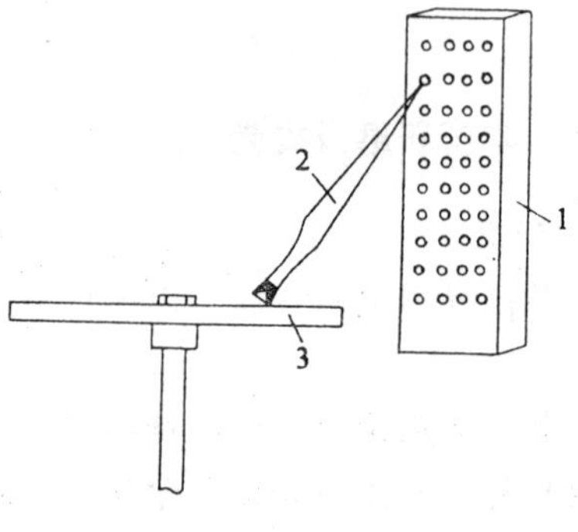

图 6-14　壁式刻磨机

1. 孔壁；2. 粘杆；3. 研磨盘

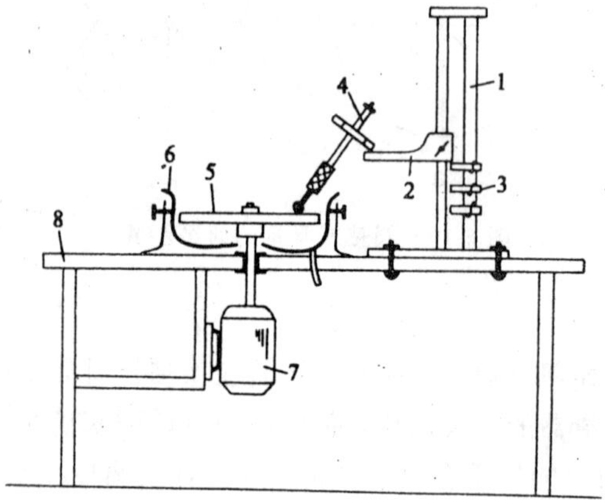

图 6-15　八角手刻磨机结构简图

1. 升降台；2. 托盘；3. 托盘制动块；4. 八角手；5. 磨盘；6. 防溅盆；7. 电动机；8. 工作台

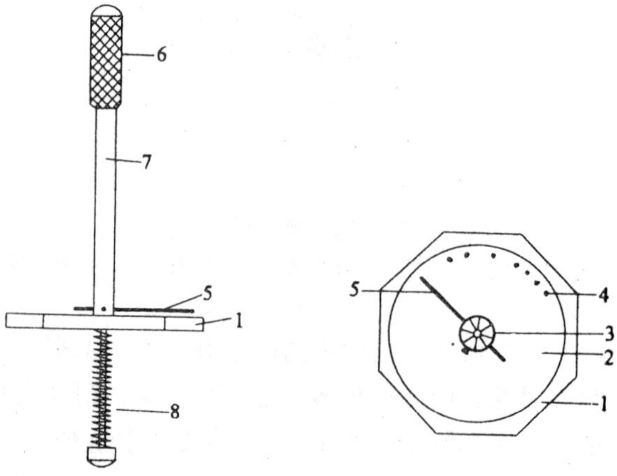

图 6-16　八角手结构

1. 八角模块；2. 孔盘；3. 粘杆、卡头；4. 孔；5. 孔制子；6. 粘杆螺栓；7. 手柄；8. 弹簧

八角手的 8 个模块边与 8 个孔组合可产生 64 分度，也即把圆周分割为 64 等分，这就是八角手控制粘杆转动的原理。同样，对 96 分度可采用正六边形模块和八孔孔盘组合得到，而 72 分度可用正六边形模块与 12 孔盘组合，80 分度用正五边形和 8 孔孔盘组合，这样就有"六角手"和"五角手"之说了。其原理与"八角手"一样。

(3) 升降台　升降台由两个立柱和一个托盘构成。靠近磨盘的立柱上有一套筒将托盘连接，并使托盘呈水平状态，托盘可以在立柱上上下移动。套筒上有一个制动套筒和托盘滑动的螺丝。另一个立柱有一个铜制的套管套在外面，可以自由转动，套管上有几个可以上下滑动的托盘制动块，它可以防止托盘下滑，并可以使托盘方便地固定于几个确定的位置。

升降台的作用是为了控制调整粘杆与磨盘的角度。当两平面平行，且距离一定时，两平面间任意一直线，只要长度一样，则这些线与两平面的夹角就相等。当固定升降台的托盘，并把八角手的粘杆和孔制子固定时，托盘就与磨盘平行且距离一定，而八角手上的宝石琢磨面与模块边的距离也一定，粘杆与磨盘的角度也就固定了，这样，通过转动模块（边紧贴托盘面）就可以完成8个角度一样的小面。上下移动升降台，就可以磨出不同层的小面。

除了上面三个部分，刻磨机还有一个工作台将三者连接起来，其中磨盘轴和升降台立柱都是以工作台台面为基准面的。当然，防溅和给水冷却装置及其他配件也是不可少的。

八角手刻磨机目前在国内使用最广，大多数厂家以此类刻磨机为主要研磨设备。它的优点有：①结构简单，易制造，好维修；②操作简单，易掌握，加工效率高，适合于批量加工中、低档宝石；③价格便宜。因此，它很受小型宝石加工厂和个体加工者的欢迎。但它的缺点也很明显，主要是精度差，对于加工精度要求较高的高档宝石，则不适用。

二、机械手刻磨机

机械手刻磨机的类型很多，原理基本一样。这里只介绍一种最常用的机械手刻磨机。

结构和主要部件：

机械手刻磨机是在图3-7a所示的盘磨机上加上一套夹具装置组成，该装置包括机械工作头（机械手）、支柱和连接机械手与支柱的支架套筒。

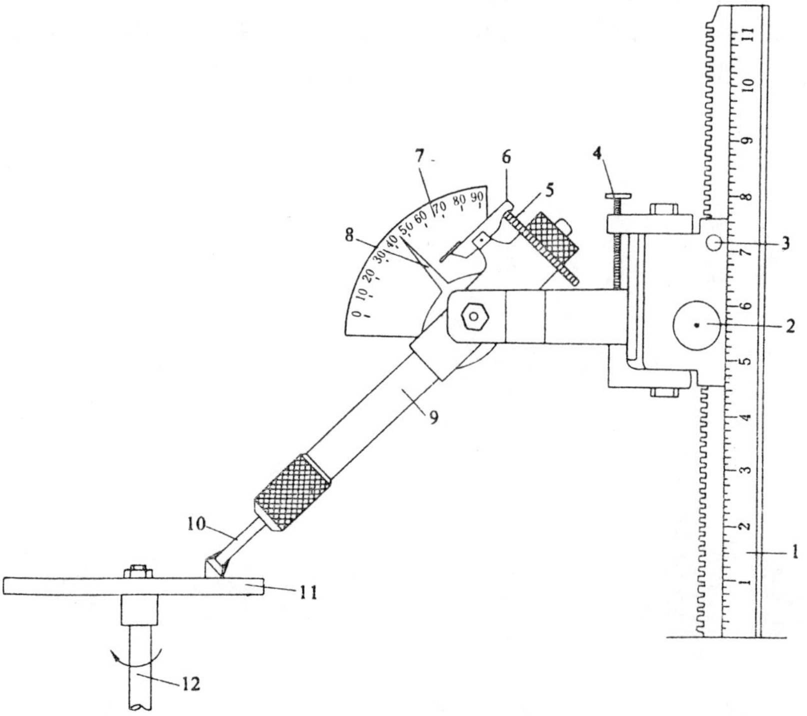

图 6-17　机械手刻磨机

1. 支柱和高度刻度板；2. 高度调整螺丝；3. 高度固定螺丝；4. 分度细分调节螺丝；5. 分度轮；6. 制滑轮；7. 角度刻度板；8. 角度指针；9. 粘杆臂；10. 粘杆；11. 磨盘；12. 主轴

（1）机械手　机械手机构成见图 6-17，其构成部分的特点功用如下：

①粘杆臂　其前端与八角手类似，有一个长头和外套螺栓，是用来装长粘杆的。粘杆臂被装在支架上，可以在垂直面上转动，其尾端装有圆周分度齿轮和齿轮制滑器，打开制滑器，粘杆臂可以随分度齿轮转动；

②角度刻度板和指针　角度刻度板一般为扇形，上刻有从 0°—90°的角度，它固定在支架上，不随粘杆臂动而动。角度指针则固定于粘杆臂上，随粘杆臂转动。当指针指在 0°时，粘杆臂垂直于磨盘平面，90°时，粘杆臂呈水平状态。为了防止角度指针滑动，许多类型机械手装有固定装置，称角制子，就是当角度确定时，就把粘杆臂固定住，使它不能在垂直面方向转动；

③圆周分度齿轮和制滑器　圆周分度齿轮决定宝石沿粘杆轴转动时的分度。它有 64 分度、96 分度、72 分度、80 分度和 48 分度等几种常用分度轮。齿轮制滑器是用来固定分度轮的，当按下制动时，另一端的制动卡就脱离齿轮，从而使齿轮可以带动粘杆臂转动，松开制动则制动卡嵌入齿间缺口，这样就固定了粘杆臂，并代表了一个分度。64 分度轮有 64 个齿缺口，每个缺口都标有分度号。

（2）支架和支柱　支架支撑机械手和角度刻度盘，同时在其右边装有圆周分度微调螺丝，它可以在一个分度内作反时针或顺时针微动。支架通过一个套筒与支柱连接，支柱上一般带有刻度，套筒可以在支柱上滑动，其下所配的微调螺栓可以作支架升降微调。

机械手刻磨机与八角手刻磨机相比，精度高得多，且操作也简单。目前国内已有不少厂家仿造日、美等国的同类设备制造出一些机械手刻磨机，质量不错，价格比国外同类产品便宜得多。一般比较大的宝石加工厂都装备有此类刻磨机，用于高档宝石加工。不过，机械手刻磨机的缺点是工效低，不适合于大批量生产中、低档宝石产品加工。

第七章　珠型宝石加工工艺

第一节　珠型宝石原石材料和工艺要求

一、原石材料

珠型宝石的原石材料类型极多，包括所有的宝石材料，甚至包括部分人造工艺材料，如玻璃、陶瓷、塑料。不过常用的天然宝石材料不过十几种，如玛瑙、翡翠、砚玉、岫玉、松石、孔雀石、芙蓉石、青金石、绿玉、木变石、琥珀和珊瑚等。

二、工艺要求

尽管珠型宝石用料很广，但并非什么料都可以作珠型宝石。对于原石材料有几点基本要求：

（1）所选材料应价格低廉，货源充足，可供批量生产之用。故一般多用中、低档的宝石材料；

（2）所用材料的块度没有上限，但有一定下限，当然，不同的料和不同的款式要求的下限不同，一般来讲，要求所能出的坯料（无瑕疵，颜色均匀）符合珠型造型设计要求，且能够加工出产品；

（3）用料多选用颜色艳丽，色彩均匀或色形条带（纹）优美的材料。如松石颜色鲜艳均匀，彩色条纹玛瑙，不仅色艳，而且色形细腻，极富表现力；

（4）质地细腻致密。这不仅可以表现宝石的品质美，而且对于加工来讲也十分有利，不致由于裂纹太多而影响琢磨，也不致结构松散或包裹物而影响抛光效果，使宝石失去美丽的光泽；

（5）化学性质相对稳定，对热不敏感。这样不会在加工中损坏宝石，以致浪费。

第二节　圆珠型宝石的加工工艺

圆珠型宝石是最常见的一种珠型宝石。其造型是完美的圆球体。大的几十厘米至几厘米直径，可做观赏石，小的从几厘米至十几厘米，通常串成各种款式的项链、手链及佩链。

圆珠型宝石的加工历史可以追逆至奴隶制社会初期，当时的各种石珠、玉珠已普遍被作为佩饰品。今天的加工方法是两千多年前沿革下来的，只不过工艺技术水平和设备已完全不同于过去。

一、国内圆珠型宝石加工工艺流程

圆珠型宝石加工的工艺过程与凸面型宝石加工过程相比，在本质上无大的差别，只不过前者是加工成珠型（等轴体），而后者仅加工一个弧面（不等轴体），因而在具体的工艺方法和设备方面有一定差异。

圆珠型宝石加工工艺流程如图 7-1。

开石 → 出坯 → 预形 → 粗磨 → 细磨 → 抛光 → 过蜡 → 穿孔

图 7-1　圆珠型宝石加工工艺流程图

二、主要工序

（一）开石

此工序主要用于分割大块原石。一些常用宝石原石的块度很大，从几公斤至上百公斤。如此大的块料必须先分割成一定的小块，才能被后道工序所用。

开石常用的设备是开石机（见图 3-2），它可以将形状不规整的大块料切割成规则的小块料（一般最大不超过 250mm）。用开石机切割大块料时，应注意以下几点：

（1）向刀口进料时，原石夹一定要把块料固定紧，不能有松动或滑脱，否则会损坏锯片，因为开石机所用金刚石锯片很贵；

（2）进料过程中，进料要匀，不可强推；

（3）冷却要充分，因为锯片与料的接触面大，故产生的磨削热量也大，若冷却不充分，轻则降低锯片使用寿命，重则使锯片变形，以致无法使用。

开石工序不是必需的工序，只有在小型下料机无法切割时才用。

（二）出坯

出坯工序就是用切割机将原石切割成圆珠坯粒（立方体）。对于大小、形态和性质不同的原石，出坯工序不同。大块料或开石机所切割出的块料，一般经历切片、切条和断粒三道分工序，所出坯料形状规整、大小一致。块度较小、形状尺寸不一的原石，只能用修整机根据情况将其切割成不同尺寸的坯粒，坯粒形状近等轴状。实际上，许多玉雕工艺的边角材料都用后一种方法做圆珠形坯粒，以便加工成圆珠，提高材料利用率。作观赏石用的圆球体，大多数情况下，由原石修整成近等轴状坯体，琢磨成圆球体。

因此，圆珠型宝石的出坯有两种情况：①用于大块原石材料，出大小一致、形状为正方体的粗坯；②用于形状尺寸不同的小块料及某些边角料。

1. 大块料出坯

（1）切片　切片是将形状各异的块料，切割成有一定厚度的片状料。片料厚度（平均厚度）要求比加工的圆珠直径大些，即要有一定工序余量，留给后道工序。其大小在 0.5—1.0mm 之间。工序余量过大，会使加工量增大，从而增加磨削时间和加工成本，同时也使出料率降低；但过小的工序余量，会使成品珠达不到要求的尺寸。除了工序余量外，片料的平面度和平行度也是重要的质量参数，一般要求二者误差不超出允许的厚度公差范围。

切片工序所用设备主要是切块机（图 3-4），其主轴转速为 1200—2000 转/分。冷却液采用油（柴油）或者水。前者冷却效果较后者好，但冷却油用过一段时间后，与磨屑凝结成一层粘稠物，浮在冷却液表面，使冷却效果降低，故要经常清除这层粘稠物。但清除工作往往很困难。因此用油作冷却液，最好采用喷淋式冷却方式。水冷却液则可用浸润式冷却法。

切块机切片操作并不难，将块料给进一定厚度后，可以让重锤自行拖着块料进刀。完成一次片料切割后，将原石夹松开，横向移动块料，进行第二次切割。这样反复切割出同一种厚度的片料，直到切完块料为止。

切片过程中要注意以下几个问题：①进料前要认真检查刀具是否正常。如锯片与主轴是否同心，锯片平面度是否符合要求等。可以让锯片空转一二分钟，看是否有问题；②原石夹要夹紧块料，保证切割过程中不能松动。另外，送料托架的滑轨（或滑杆）必须与刀基面平行，若不平行，可使片料的面呈弧面，影响片料平面度和平行度；③冷却要充分，防止损坏刀片；④经常抽样检查所切片料的厚度、平面度和平行度是否符合要求，若误差超出允许误差，则应及时停机查找原因；若片料上有刀痕，还要注意检查刀痕深度，一般要求刀痕深度不超过 0.5mm。

为了更精确地切割出质量符合要求的片料，最好在送料托架下装上横向移动装置（平行于主轴），这样一则可以使每次切割的片料厚度一致，二则可以减少松开原石夹、移动原石的次数。有些情况下，可以在块料上事先画好线，便于观察切割是否正确进行，从而减少误差。另外，还要考虑切割余量。

（2）切条　切条是把已切好的片料切割成横截面为正方形的长条料（图 7-2）。正方形边长：D=圆珠直径+工序余量，其中工序余量一般在 0.5—1.0mm 之间，不同种类原石材料，磨削余量不同，硬度大的材料，磨削余量可以小些，而硬度小的材料，磨削余量可以大些。

切条工序设备可用切块机，也可用比切块机小的修整机，这要视片料的大小而定。具体操作和注意问题与切片工序大同小异。

为使切割更准确，更快速，采取下列几种辅助措施：

①在片料上作辅助线，给进片料时，让锯片顺线进行切割。为了保证条料横截面成正方形，要 求片料面必须与片基面垂直，同时还必须考虑切割余量。切割余量的大小见表 7-1。

表 7-1　切割余量

切割厚度（mm）	金刚石锯片切割余量（mm）	
	锯片厚度 1mm	锯片厚度 2mm
＜20	1.5—2	1.0—1.5
20—100	2—2.5	1.5—2.0
＞100	2.5—3.0	2.0—2.5

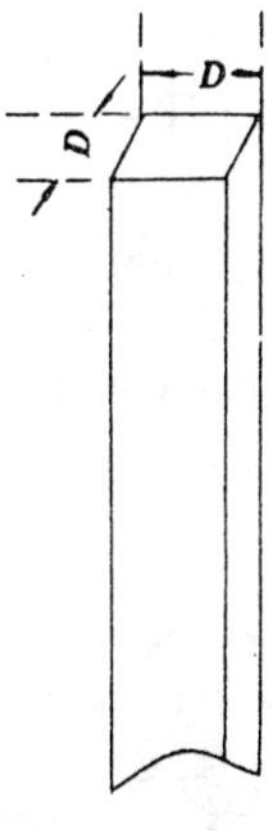

图 7-2　切条料

②将同一块料上切割下来的片料用胶（虫胶或树脂胶）按原形粘结起来，最外一块片料可以不用粘，这样就有一个平整的面，用该面作底面放在托架面上（或切割台面）。然后，把粘结在一起的片料作块料切割，可以一次切出许多条料；

③单把一个片料切割成条料时，可以不切透，留下 1mm 以上的厚度（h）。这样既使整个片料都切割完毕，这些条料仍连在一起，以便于断粒（图 7-3）。

（3）断粒　断粒是把条料横切成立方体珠坯料，这是出坯工序的最后产物。珠坯的各边长要求与条料一样。

断粒可用修整机，一次切割一个条料，也可以用较小的切块机切割整片未切透的条料。

断粒前应先在条料上画好辅助切割线，以保证所切割的珠坯尺寸精度符合要求。另外，可以用直角木块作标准尺寸，帮助切割（图 7-4）。

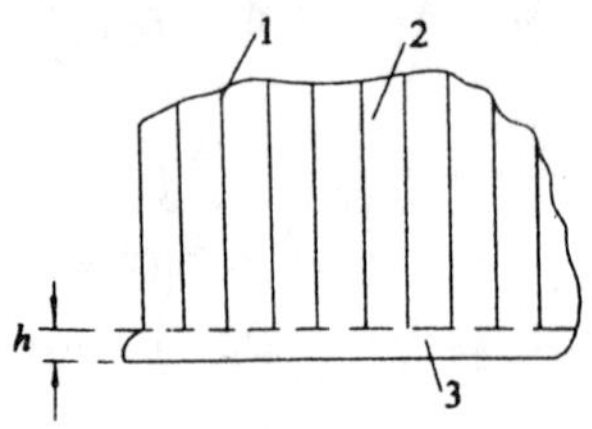

图 7-3　切条不透

1. 刀缝；2. 条料；3. 余留部分

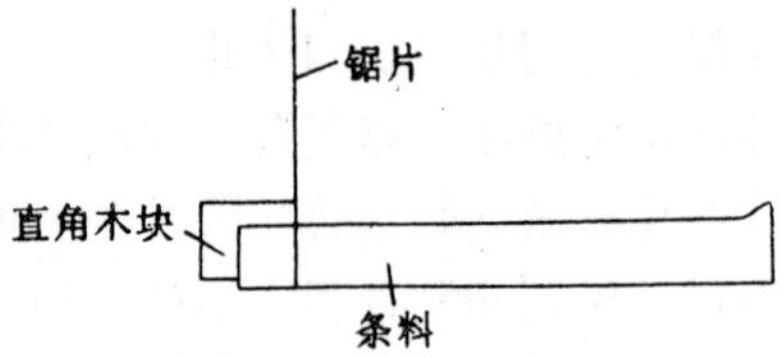

图 7-4　用直角木块辅助断粒

1. 锯片；2. 条料；3. 直角木块

为了提高断粒的效率，可以把粘结成整体的片料所切割下的条料，再按原料粘结起来，用切块机切割，一次可切割出几十粒珠坯。

断粒工序的操作没有特别之处，与切条基本相同。注意事项除了刀具安装及锯片平面度、操作中的给进速度和冷却等问题外，还要注意珠坯的崩口（图 7-5）。一般要求珠坯的棱边崩口平均深度不超过珠坯边长的 1/5，即 $h_{棱} \leqslant 0.2d$，而角崩口的深度 $h_{角} \leqslant 0.36d$，。崩口过大，无法琢磨出合乎尺寸要求的圆珠，只能减少尺寸，造成材料浪费和工作量增大。

上述介绍的是出坯工序最常用的几种方法，在条件好的大厂家，为了提高工效和加工精度，经常采用多刀切割机进行切割。以下作简略介绍：

多刀切割机结构与切块机基本相同，只是装刀具的主轴要长些，可装多个锯片，一般 8—10 片，多可达 20 多片（图 7-6）。设备主轴转速 4000 转/分，进料速度为每分钟 5.0mm。承载料的工作台是可以径向移动的。冷却液为水。

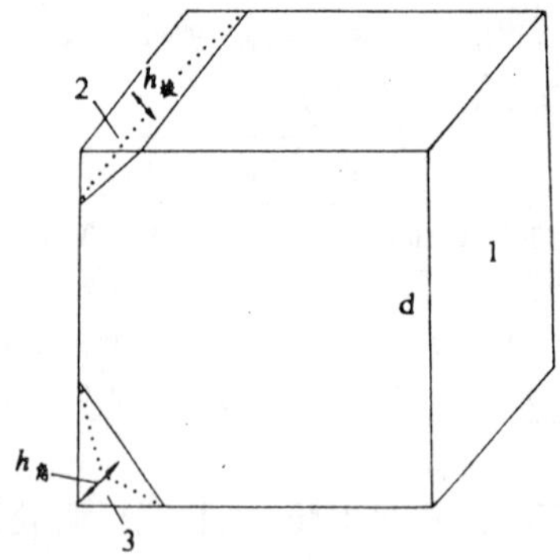

图 7-5　珠坯的崩口

1. 珠坯；2. 棱崩口；3. 角崩口

h. 崩口深度；d. 坯粒的边长

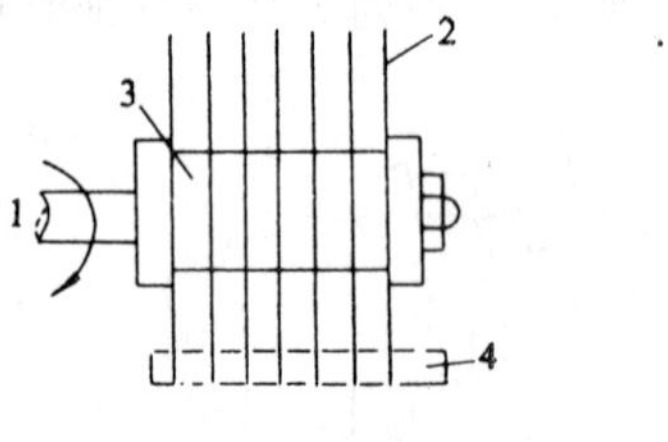

图 7-6　多刀切块机工作原理简图

1. 主轴；2. 刀片；3. 刀夹；4. 宝石原石

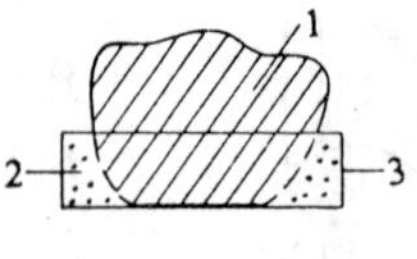

图 7-7　块料粘结

1. 块料；2. 粘结剂；3. 模框

比较大的多刀切割机对块料实施切割，这种切割机的刀具可以升降。块料事先粘结于模框中（用石膏或其他粘结剂）（图 7-7），然后将模框置于工作台上固定。切割时，下部一般不切透。此方法仅适用于中硬度（莫氏硬度＜6）以下的大块料，硬度高的宝石材料用切片方法切割片料。至于切条和断粒，用一般的多刀切割机可以完成。欲改变珠坯边长尺寸时，通过改变刀夹的厚度可以做到。为了方便加工不同尺寸的珠坯，常要配置一系列不同厚度的刀夹。

多刀切割机最大的优点是切割效率高，比单刀切割机高几倍至十几倍。切割的珠坯尺寸精度高。但有明显的缺点，就是操作不如单刀切割机灵活。应用面小，仅适合切割大块料，对小块宝石材料不能使用多刀切割机。

2. 小块料及边角料出坯

这种小块料的出坯比较简单，有的稍作修整就可以成为近等轴状粗坯，有的要分割成大小不等的几粒，这要根据原石的形状、瑕疵分布、色形等确定。原则上要求在不超出规定的尺寸范围内，使宝石的价值达到最大。除非客户提出要求圆珠尺寸一致，否则，小块料一般不强求所有料都出一样的珠坯。当然，在有一定数量的情况下，大致将珠坯按粒径分类，有利于后道工序，特别是粗磨工序以后的各道工序的进行。

（三）预形

预形是通过砂轮磨削珠坯的棱角，使之达到比较高的圆度，形状接近于圆形。故又称倒棱。预形后的工序余量在 0.3—0.7mm 之间。

预形的方法多种多样，但总的分为二种：①多粒预形方法；②单粒预形方法。前种适合于大批量珠坯预形，后种多用于预形量较少的珠坯或尺寸较大的圆球坯。

1. 多粒预形

多粒预形基本原理是把一批珠坯料置入容器中，用固着磨料或游离磨料将其磨削倒棱。

砂盘倒棱机是多粒预形的常用设备。砂盘倒棱机的基本结构如图 7-8 所示，与盘磨机结构基本相同。磨盘是水平安装的砂轮，直径为 250—350mm。砂轮装在料桶下部，其外侧边与料桶壁间有一很窄的空隙，可以让水及磨屑流下去，但珠坯不能卡在其间或掉下去。

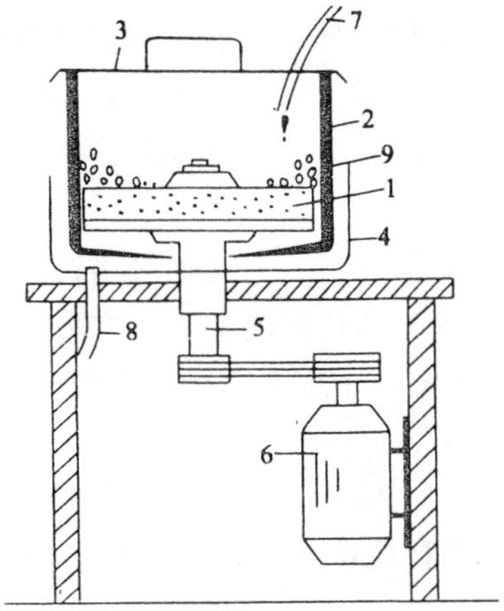

图 7-8　砂盘倒棱机结构简图

1. 砂盘；2. 料桶；3. 盖；4. 防溅圈；5. 砂盘主轴；6. 电动机；7. 冷却水管；8. 排水管；9. 环坯

工作时，把料倒入料桶，加盖后通入冷水，然后升机。由于棱角状珠坯是自由散布砂盘面上的，因此当砂轮转动时，珠坯会受切向力和径向力（离心力）作用，同时受料桶壁的阻挡作用，从而沿砂轮边缘滚动并作圆周运动。使珠坯与砂轮面及珠坯之间发生碰撞和磨削。有棱角的珠坯，其棱边与棱角碰撞机会较多，而平面的碰撞机会较少，这样，可达到磨削去珠坯棱角的目的，使珠坯逐渐接近圆珠形状。

使用砂盘倒棱机预形时，需要注意以下几点：

(1)一次装入的珠坯料不宜过多。因为珠坯大部分集中于砂轮边缘磨削，太多的料拥挤在边部，会降低各珠坯与砂轮接触的机会，降低磨削效率；

（2）由于宝石坯料的性质特点（硬度、形状、大小等）与磨削效率之间有密切关系。故在选用砂轮时应注意砂轮粒度、硬度和珠坯的大小、形状。一般所使用的砂轮属中—中硬碳化砂轮。加工较硬的珠坯料（如玛瑙、硬玉、独玉、木变石等）时，应选用较粗粒度的砂轮（宜用 36# 砂轮），对于较软的材料（如松石、孔雀石、岫玉等），则可用粒度较细的砂轮（一般用 180#—220#）。不同硬度的珠坯料不要混装。珠坯的大小和形态对磨削速度有一定的影响，若把粒径相差较大的珠坯料同时放入料桶内，较小的珠坯往往在下面撑起较大的珠坯，使两者磨削速度不一致，从而影响加工质量，因此，放入的料尺寸相差要不大。另外，形状近等轴状的多边形珠坯比立方体珠坯的滚动速度大，因而磨削速度快，影响加工质量。

（3）前节曾讲过工艺因素（砂轮主轴的速度、加工时间和冷却液等）对磨削速度和磨削质量的影响。珠坯倒棱中也要注意此问题。对较硬材料，砂轮转速可以加快。对较软的材料，转速可减慢。转速过快，磨削速度太大，容易磨削过度，且可能增强珠坯之间碰撞力，使珠坯破裂；转速太小，则珠坯滚动次数减少，使珠坯的平面磨削量增大，影响质量。同样，加工时间因材料的硬度而不同。硬者时间长些，软者时间可短些。冷却液的作用不再累述。总之加工中必须注意充分冷却。

上述砂轮倒棱机在使用中有一明显的缺点，即珠坯都集中在砂轮边缘磨削，使用时间长，砂轮边缘被磨凹形，从而降低砂轮使用寿命。为了解决此问题，有人设计了多孔钢盘取代上述倒棱机的料桶。钢盘直径与砂轮直径一样大，厚度是珠坯粒径的 2—2.5 倍。其上有均匀分布的圆孔（一般沿同心环分布），圆孔直径是珠坯粒径的 1.5—2 倍。

加工时，钢盘固定在砂轮上方，与砂轮面平行，且有一定间隙（一般不大于 1/3 珠坯料径）。把珠坯料放入钢盘孔内，注入冷却水，开机加工。

这种钢盘确实使珠坯分布均匀，使砂轮有效磨削面增大，使用寿命增长。但存在问题，即由于线速度的不同，使钢盘最外侧圆孔中的珠坯与内侧圆孔中的珠坯磨削速度产生差异。解决的方法是隔段时间将内外孔内的珠坯互换，或者外侧珠坯加工好时，内侧依次外移，新料装入内侧。这样做较麻烦。较好的办法是外侧的孔内装入较硬的珠坯，内侧孔内装入较软的珠坯，可以各得其所。

除了砂盘倒棱机预形外，还可用珠磨机和滚桶倒棱机进行预形。这两种设备用游离磨料进行磨削。一般多用于较硬宝石的预形。

2. 单粒预形

当珠坯数量少，且形状大小相差较大时，或者预形的是尺寸较大的球坯时，用多粒预形的方法显然不合算，此时只能单粒手持预形，方法与凸面型宝石基本相同。选用设备是砂轮机，砂轮竖装。预形时先将棱边磨切，后将棱角磨掉。磨削过程中，注意一次不要磨去太多，要不停地转动珠坯，使棱角均匀磨削，直到成圆形。

手持预形，需要熟练的手法和丰富的经验，否则不易磨出好的圆形。只能通过多练才能做到。也可以采取一些辅助措施，以提高加工精度，如可以在立方体珠坯的 6 个正方形面中心标上直径约 1—2mm 的记号（用红铅笔或铝线），去棱角过程中，注意不要磨去这些记号。也可用卡尺把要画出的地方找出，作记号，专门磨去。

（四）粗磨

粗磨是圆珠成形的主要工序，因此要求其粗磨完成后珠坯的直径 d：$(d_{max}-d_{min}) \leqslant 1$mm，所留工序余量 0.2—0.4mm。

粗磨可分为多粒粗磨和单粒粗磨，它们所用设备和加工方法不同。

1. 多粒粗磨

多粒粗磨设备有两种：①用固着磨料的粗磨机；②用游离磨料的粗磨机。下面分别简略介绍其结构和加工原理。

(1) 砂盘粗磨机（固着磨料）　砂盘粗磨机主体结构与带钢孔盘的砂盘倒棱机基本相同。所不同的是孔盘上面附加一个可转动的钢质盖盘，其下粘附着一块橡胶板。此外，孔盘的厚度和孔径却与后者不一样，具体见表 7-2。

上盖盘的转动方向与下面砂盘转动方向相反，转速不同。

孔板固定于机身上不能上下移动，而上下两盘可以上下移动。加工时通过调整上下两盘的位置，使珠坯中心始终保持于孔盘的圆孔中心。

若砂盘安装正确，把珠坯倒入孔盘各孔，调整好上下盘的位置，注入冷却水则可以开机粗磨。

粗磨中除要注意工艺因素、材料性质和磨具性质对磨削效率和质量的影响外，还应该注意：

表 7-2 孔盘厚度、孔径与成珠直径关系表①

成珠直径(mm)	孔径(mm)	孔板厚度(mm)
3—6	8	2—3.5
6—9	12	4—5
9—13	16	6
13—17	20	8

①上盘对珠坯的压力要适中。不要太大，否则会压碎珠坯，也不宜太小，以免珠坯蹦出。

②由于砂盘本身的磨损，会使两盘间距加大，若不调整，则珠坯中心会下移，到一定程度可能钻入孔盘与砂盘之间，卡住砂盘。因此，粗磨中要随时注意调整上下盘位置。

③由于上下盘平行，间距一定，因而要求粗磨的珠坯粒径应基本相同。要求事先进行分径。分径可用分径筛完成。分径档次之差可取 0.25mm 或 0.5mm。

(2) 环槽盘磨机（游离磨料） 环槽盘磨机的基本结构见图 7-9 所示。它由三部分组成：①电动机及传动装置；②研磨部分（上、下环槽磨盘和水槽）；③支撑架和连接杆。磨盘由铸铁制成，研磨面上有一些同心环槽，环槽的横截面呈半圆形（图 7-10）。上、下两磨盘的槽数和槽深尺寸相同。珠坯就落在上下环槽之间滚动。当上下盘相对转动时，珠坯就沿槽运动，并和水槽内的悬浮状磨粒作用，最终被磨成圆度很高的圆珠体（图 7-11）。

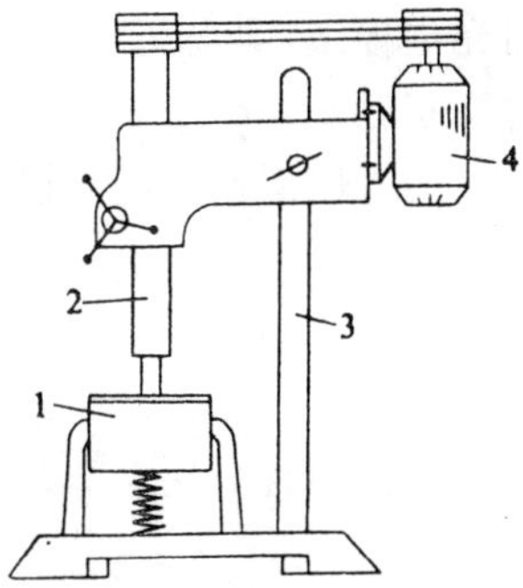

图 7-9 环槽盘磨机结构简图

1. 磨盘及水槽；2. 主轴；3. 支架；4. 电动机

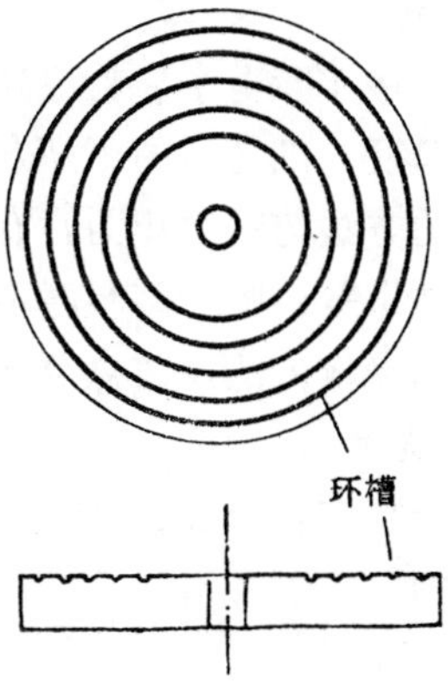

图 7-10 环槽磨盘形状

使用环槽盘磨机时，应该注意：

(1) 珠坯的粒径应尽量一致，材料也应该一样；

(2) 磨料的粒度和使用量，应该根据材料的硬度和耐磨性来确定；

(3) 上盘加压要适中。硬度大的宝石，压力可以大些，硬度小的宝石，压力可小些。

2. 单粒粗磨

单粒珠坯或球坯的粗磨一般在轮磨机上进行。为了把持方便，可以找一截长约 35—40cm 长的废钢管，钢管外径为珠坯直径的 2/3—3/4。把钢管一端向内切削为 45°的斜边（图 7-12）。珠坯放在该端口内，并水平推向砂轮，珠坯一边受磨削，一边又在砂轮带动下转动。为了平稳地磨出高质量的圆珠，最好把钢管平放在承载台上，并让钢管尽量与砂轮磨削面垂直。操作时，用胳膊夹住钢管另一端，两手食指轻轻拨动珠坯，使之不断作横向转动。注意对钢管

① 赵新民，宝石加工工艺学，1989 年，内部资料。

的推力不能太大，只要使珠坯与砂轮接触，并有效磨削就可以了。

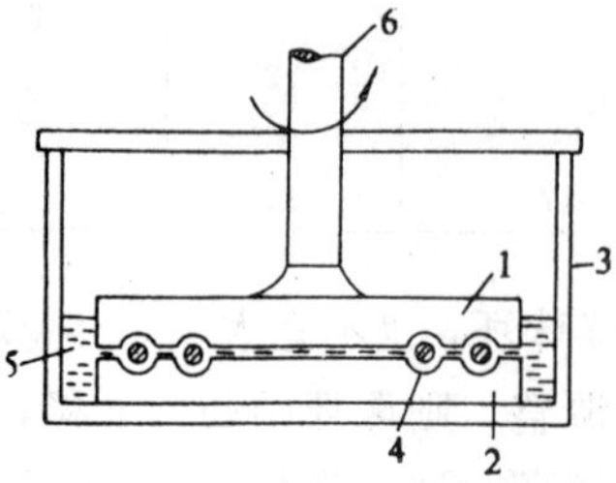

图 7-11　环槽磨盘的工作原理图

1. 上盘；2. 下盘；3. 水槽；4. 珠坯；5. 磨料及水；6. 主动轴

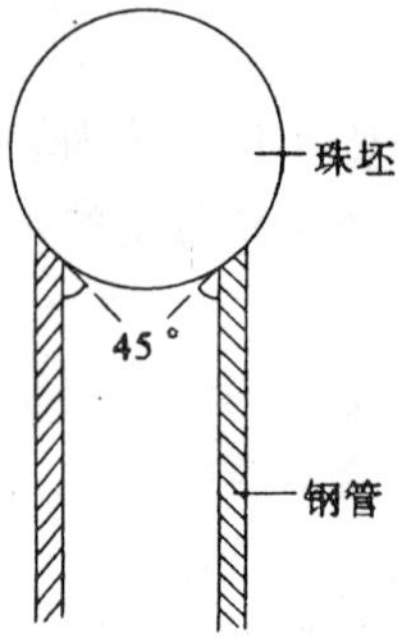

图 7-12　钢管支撑珠坯

对粒度不同的珠坯，可选用不同直径的钢管。如果没有钢管，用比较圆的竹杆代替也一样。

和预形相同，单粒粗磨也需要多练才能出质量比较高的圆珠。不过，操作上比预形容易掌握一些。

（五）细磨

细磨工序实际上主要是提高粗磨后珠坯的圆度和表面光洁程度，即降低珠坯的圆度误差和表面粗糙度。细磨后的工序余量要求很小，圆度公差也不超过 0.3mm。

细磨的方法与粗磨相同，有多粒细磨和单粒细磨之分，前者使用环槽盘磨机，后者用砂轮机或带磨机等。唯一与粗磨不同的是磨料粒度较细。

细磨的操作方法及注意事项可以参照粗磨工序。

（六）抛光

在第三章中，已经分别介绍过滚桶抛光和振动抛光方法。这两种方法在圆珠抛光中都是比较常用的。

1. *滚桶抛光*

使用滚桶抛光机进行抛光，对比较硬的珠坯材料效率较高。一般根据抛光工序的需要，要准备三个滚桶，分别用来进行粗抛、细抛和精抛。当然，这三个分工序是针对硬度比较大的宝石而言，对硬度相对较小（莫氏硬度小于 5）的宝石材料，只用二个滚桶进行粗抛和细抛就可以了。各分工序可以依次在一台机床上进行，也可以在不同机床上同时进行。后者效率显然高于前者。一般不主张“一桶多用”，因为清洗工作十分麻烦。

(1) 粗抛　使用 220$^{\#}$—W_{40}之间的碳化硅磨料，与水混合后倒入滚桶内。加入磨料的量与珠坯的总量之比为（1—5）：100。不同硬度珠坯，加入的磨料量不同。硬度大的珠坯，加入的磨料量适当多些，反之则少些。水的加入量，要根据实际情况来定。实践证明水与珠坯的体积比在 20%—40%之间比较合适，对硬的宝石可以适当少些，反之就要多些。加入的水过多，会降低磨料的相对浓度，从而降低粗抛速度；水太少，磨料浓度又太大，分散性变差，同样效果不好。

粗抛过程一般需要 8—24 个小时，这要由珠坯材料的硬度、耐磨性和细磨后表面质量来决定。对于耐磨性好的宝石材料，如玛瑙、翡翠、木变石等，需要时间会长一些，有时可能要 2 天时间，耐磨性差的宝石材料，粗抛时间比较短。另外，细磨后珠坯表面粗糙度越低，粗抛所花时间就越少，反之，所花时间就越长。

(2) 细抛　细抛使用的磨料是 W_{40}—W_{14}的微粉级磨料。与珠坯的比例在（1—3）：100。加入水的量要比粗抛时少一些。为了提高细抛磨粉的利用率，在珠坯中可以适当参入一部分（约 20%—30%）与珠坯材料一样的随型宝石坯粒，其粒径与珠坯粒径相差不要太大。这样既可以提高细抛的总工效，又可以防止珠坯的圆度误差增大。

细抛所需时间比粗抛长，一般在 24—48 小时，或者更长。同样，不同类型宝石材料的珠坯，细抛时间不一样，要根据情况而定。

(3) 精抛　精抛使用的微粉在 W_7—$W_{1.5}$之间。常用的抛光剂有氧化铬、氧化铁、玛瑙粉、红宝粉、硅藻土、铝氧粉等。为了提高抛光效果，减少由于珠坯间相互碰撞和摩擦产生的表面损伤，可以适当向滚桶内加入一些助抛料。助抛料要求比较柔软，有一定弹性和吸附性，并有较好的韧性，它既可以吸附少量抛光剂，并对珠坯进行微区抛光，又可以在珠坯间充当缓冲物。能用作助抛料的材料有木屑、皮革片和泡沫塑料片。

精抛的时间一般是 24—48 小时，有时需要数日。

使用滚桶抛光机抛光珠坯需注意以下几点：

①所有放入滚桶的珠坯都要用水认真冲洗干净，不能留有前道工序的残余磨粒。另外，要把细磨中破碎和破裂的珠坯，以及有明显缺陷的珠坯挑出来，以防止碎裂珠坯划伤好的珠坯。

②滚桶速度要控制好。滚桶转动时，珠坯随桶壁上升到某一点(称为转向点)就开始下滑，形成一流动层(图 7-13)。由于流动层的存在，促使珠坯与磨料之间有充分的擦磨。如果转速过快，珠坯在离心力作用下，紧贴桶壁向上运动到桶顶点分散落下，这使得珠坯与磨料间的作用减弱，并且增加了珠坯之间碰接机会，碎珠率增大。反之，若转速太慢，珠坯上升点较低，主要集中于桶的下部，难以形成有效的流动层，结果抛光效果同样不好。一个 250mm 内径的滚桶，其转速一般为 25—40 转/分；300mm 内径的滚桶转速为 20—25 转/分；内径为 400mm 的滚桶转速控制在 10—20 转/分之间比较合适。当然，珠坯的粒径大小不同，对转速要求也不同，可以根据上面所讲的原理作一些试验，确定合适的转速。

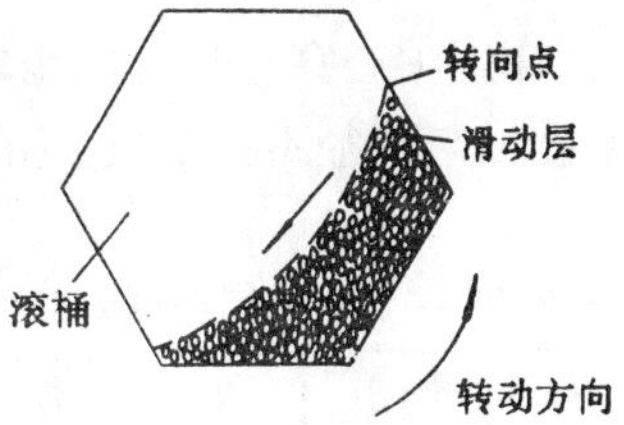

图 7-13　滚桶抛光作用

③滚桶在工作期间，每过一段时间，要停机开盖一次，把里面的气体放出来。因为滚桶工作时是密封的，珠坯与桶壁和磨料之间磨擦作用会产生一定热量，使水温升高，从而使桶内压力升高，同时，水温升高还可能导致磨屑和水发生化学反应，放出一些气体（如 H_2、CO_2 等），随时间增长，气体聚集太多，使桶内气压增大。因此放出气体有利于安全生产。

2. 振动抛光

振动抛光在金属、陶瓷、玻璃、光学零件等材料的加工领域应用很广。其基本加工原理已在第四章中作了简略介绍。

用振动抛光机抛光圆珠，效果十分显著。不仅工效高，而且所抛光的圆珠表面质量高。因此，振动抛光机已逐渐成为宝石加工业中的主要抛光设备之一。

振动抛光机的类型有多种，有单桶抛光机、双桶抛光机及多桶抛光机。以单桶和双桶的较为常用。

振动抛光工序同样分为三个分工序，使用的磨料和抛光剂与滚桶抛光基本一样。

振动抛光的效率比滚桶抛光高，通常每道分工序仅需要 24 小时。不过，硬度较低的宝石材料，不宜用振动抛光，因为它的磨削量太大。

滚桶抛光和振动抛光适合于大批量圆珠型宝石的抛光，但对于数量有限，且大小不一的圆珠型宝石，则不实用。单粒珠坯的抛光可以参照凸面型宝石的抛光方法。

（七）过蜡

过蜡又称打蜡或上蜡，其作用主要有三个：①保护圆珠表面不受污染和浸蚀；②填平圆珠表面的微细凹坑和划痕，以增加圆珠型宝石表面的光洁程度；③掩盖某些圆珠型宝石表层的微细裂纹，使其不明显。

过蜡用的工具有过蜡桶、融蜡的炉子和容器。过蜡桶的作用和漏勺类似，只是形状呈桶状，漏眼布满桶壁和桶底。

过蜡操作十分简单。把盛有圆珠的过蜡桶浸入熔融的石蜡液中，不停地上下提动和左右转动，让圆珠充分浸蜡，然后提起，沥净多余蜡液，倒在干燥的毛巾或厚棉布（最好预热一下），迅速包起擦试，直到圆珠表面光亮无蜡渣为止。

过蜡操作中特别注意石蜡液的温度不要太高，过蜡时间也不要过长。对那些受热易发生退色、变色、炸裂和化学变化的宝石材料，一定要控制好蜡液温度和过蜡时间。

另外，过蜡前必须把圆珠清洗干净，不能残留抛光剂，特别是有颜色的抛光剂，并把圆珠凉干。然后再进行过蜡。对热敏感的材料不能用烘干的办法，只能用凉干或吹干的方法。

（八）穿孔

圆珠正中心穿孔是一道比较难掌握的工序。原因是，穿孔过程中很容易出现偏差，如孔径误差，孔轴与珠径不重合（也称同轴度误差）和孔崩口等。对圆珠穿孔的技术要求见表 7-3。

表 7-3　圆珠的同轴度公差和孔径公差

圆珠直径(D) (mm)	孔径及公差 (mm)	同轴度公差 (mm)
$8>D\geqslant4$	$0.8^{+0.4}_{-0.1}$	0.40
$12>D\geqslant8$	$0.9^{+0.6}_{-0.1}$	0.45
$18>D\geqslant12$	$1.0^{+0.7}_{-0.1}$	0.50

（据赵新民资料，1989）

穿孔的方法很多，有手钻穿孔、钻床穿孔、超声波穿孔机穿孔、激光穿孔等。各种穿孔方法都有长处和缺点。从穿孔效率而言，激光穿孔是其他方法无法比拟的，超声波穿孔和高速钻床穿孔次之，手钻最低。但激光穿孔可产生高温，极易使圆珠受热炸裂或变色。而超声波穿孔和高速钻床穿孔情况好些，可以通过冷却降温，使温度保持较低水平。但它们也有缺点，就是易发生孔口崩口。综合评价来看，高速钻床和超声波穿孔机穿孔方法还是比较适合于批量圆珠的穿孔。目前国内较大的厂家都采用这两种方法。

1. 高速钻床穿孔

高速钻床与金属机械加工用的台钻结构类似。由动力传动部分、钻臂、钻卡、支撑台和夹具构成。

为使穿孔的精度达到要求，钻杆轴线必须与钻臂轴线重合，在穿孔过程中，钻杆不能有任何横向摆动和径向窜动，否则不仅会使穿孔误差增大，而且会损坏钻杆。

穿孔用的钻杆是细钢丝制成，其一端电镀有钻石粉磨料。目前国内用的钻杆工作端直径有 ϕ0.5mm、ϕ0.75mm、ϕ1.0mm、ϕ1.25mm 和 ϕ1.5mm。选用哪种规格的钻杆，需由圆珠的直径大小而定。

对于某些硬度较低（<5）的宝石圆珠，可以使用金属加工中常用的硬质合金钻头穿孔，效果同样好。

穿孔夹具是固定圆珠且使圆珠正确定位的工具。穿孔时，夹具中夹头必须把圆珠夹紧，不能松动，并保持圆珠的垂直直径与钻杆轴线重合。

穿孔中的冷却问题十分重要。一般采用滴水冷却方法。操作中，要不时将钻杆退出一点，以使冷却水进入孔内降低温度。

2. *超声波穿孔*

超声波穿孔机已在第三章中作过简单介绍。其原理就是利用超声波所产生的高频振动带动磨粒对宝石实施点磨削。使用超声波穿孔机时应注意以下几点：

(1) 据试验证明，超声波穿孔机工具头用硬质合金比较好，它不仅工效高，而且磨损率低。工具头（钻杆）的振动幅度在 25μm 和频率为 500Hz 时，穿孔效果最佳，随着振幅和振动频率的增加或减小，穿孔效率会降低。另外，使用的磨料粒度在 180# 比较合适。磨料一般与水调成悬浊液使用。穿孔中钻杆的工作压力要适中，过大会使温度升高太快，来不及冷却。一般以既保持温度变化不大，又能保持较高加工效率为宜，这可以通过试穿孔来确定。

(2) 穿孔操作中，为防止孔内温度升高太快，可以将圆珠不时地退出一点，让水进入孔内和磨屑退出。

(3) 崩口是穿孔中常见的现象，可以采用两端对穿的办法解决这个问题，同时，对穿还可以避免孔径一端大、一端小的现象及孔偏现象。当然，对穿要做到在一条圆珠直径线上进行，也是相当不容易的。

(4) 圆珠定位要准确，使钻杆头正好从圆珠最顶点穿入，并保持与珠径重合，以免发生孔偏。如果出现了孔偏，则应设法补救，常用的办法是从另一端对穿，与已打的孔连接，尽管孔是折线，但外表看起来却是正确的穿孔。不过此法仅适合于不透明的圆珠。

第三节　其他弧面珠型宝石的加工

弧面珠型宝石除了圆珠外，常见的还有椭圆珠和扁圆珠。这两种圆珠的加工常用手工完成。其加工工艺流程与圆珠基本相同。

一、开石和出坯

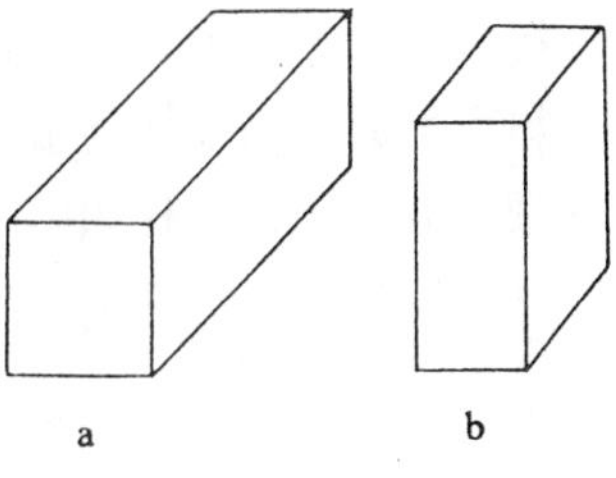

图 7-14　弧面珠珠坯形状

椭圆珠和扁圆珠的开石与圆珠一样，但出坯有些不同，主要是珠坯的形状要求不同，椭圆珠的珠坯是四方柱状，横截面是正方形（图 7-14a），四方柱的边长和棱长由所设计的圆珠的尺寸规格决定。一般要求珠坯边长的工序余量为 0.7—1.2mm，棱长的工序余量是 0.5—1.0mm。扁圆珠的珠坯呈正四方厚板状，顶底面为正四边形，侧面为长方形，工序余量在 0.5—1.0mm 之间。

椭圆珠和扁圆珠出坯的设备和操作方法可以参照圆珠的出坯一节。

二、预形

椭圆珠和扁圆珠珠坯的预形也可以采用圆珠预形的方法，但误差较大。因为圆珠坯是立方体，呈等轴状，其 6 个面形状大小尺寸一样，受磨削的机会同等，平均磨削量也近于相等，因此，采用砂盘倒棱机较易奏效。而椭圆珠坯和扁圆珠坯则不一样，它们的面并不都相同，形状也不呈等轴状，采用砂盘倒棱机预形，会使不同的面磨削深度不同，大面磨削量大些，小面磨削量小些，长棱磨削量多，短棱磨削量小，这样就会产生形状、尺寸的误差变大。用滚桶预形稍微好一些，可以使误差小些。另外，手工操作进行预形，也是可以的，但要想达到较理想的造型却不容易。

三、粗磨和细磨

与圆珠的粗磨和细磨不同的是，椭圆珠和扁圆珠的珠坯粗磨、细磨不能使用砂盘粗磨机和环槽粗磨机，而是使用滚桶研磨机。滚桶研磨机的工作原理和操作方法前面已讲了不少，这里不再复述。要提及的是，粗磨和细磨时，注意磨料粒度与珠坯硬度的关系，珠坯、磨料和水的比例，以及滚桶的转速。

采用凸面型宝石的琢磨方法同样可以达到粗磨和细磨珠坯的目的，只是工效比较低。具体使用的设备和操作方法可参阅第五章。

四、抛光

椭圆珠和扁圆珠的抛光也分为三道分工序：粗抛、细抛和精抛。抛光方法一般也采用滚桶抛光和振动抛光。具体的设备和操作方法及注意事项与圆珠抛光完全相同。手工抛光也可以在抛光盘上配以适当的抛光剂进行。

五、过蜡和穿孔

过蜡方法和圆珠相同。穿孔方法也相同。不过要注意穿孔部位，椭圆珠沿其长轴穿孔，扁圆珠则沿短轴穿孔。椭圆珠由于穿孔深度比较大，从一端穿孔易造成较大的孔径误差，因此，最好采用对穿的方法。另外，同样要设法防止孔偏和崩口现象发生。

总之，熟习和掌握了圆珠的加工工艺，那么，加工其他弧面珠型宝石就比较容易。

第四节　棱珠的加工

棱珠不同于弧面珠，它的形状是各种规则对称的多面棱柱体（图 7-15）。因此，棱珠的加工面均为平面。而要琢磨出精度较高的平面，只有在平面磨盘上才能实现。

棱珠加工工艺流程如下：

开石 → 切形 → 粗磨 → 细磨 → 抛光 → 过蜡 → 穿孔

一、开石和切形

棱珠的开石工序与圆珠相同，即把大块料分割成小块料。切形是使用切割机造型，这比圆珠的预形简单。切形工序不太好掌握，不仅要求切出的棱珠坯符合设计的相应棱珠的形状，而且要求各面有较高的平面度和平行度。为此，在切出片料后，最好用直尺和铅笔画一些辅助线，以帮助准确切形。切形的工序余量以面的平均磨削深度计算，应在 0.5—1.00mm 之间。

另外，切形时不允许有崩口现象发生，否则无法补救。要使切形时不发生崩口，可以采用下列辅助方法：

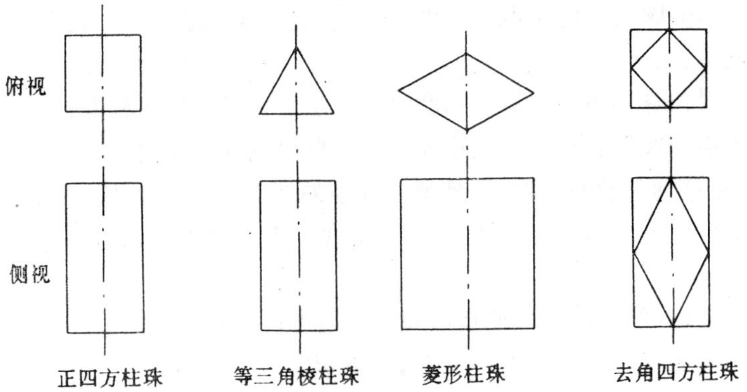

图 7-15　常见棱珠

(1) 把已切好的片料或条料用虫胶或树脂胶粘在平面玻璃板上（图 7-16），玻璃板厚度为 5—8mm。然后把玻璃板平放在切割工作台上进行切割；

(2) 对于硬度不大的宝石材料，可以用熟石膏粘结片料或条料（图 7-17），硬度大的宝石用沥青粘结，然后切形；

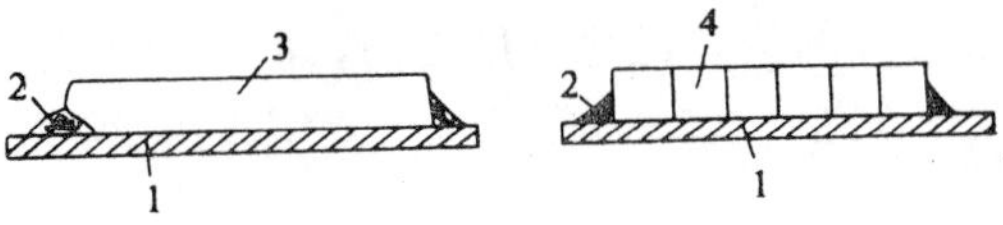

图 7-16　粘结在玻璃板上的片料和条料

1. 玻璃板；2. 胶；3. 片料；4. 条料

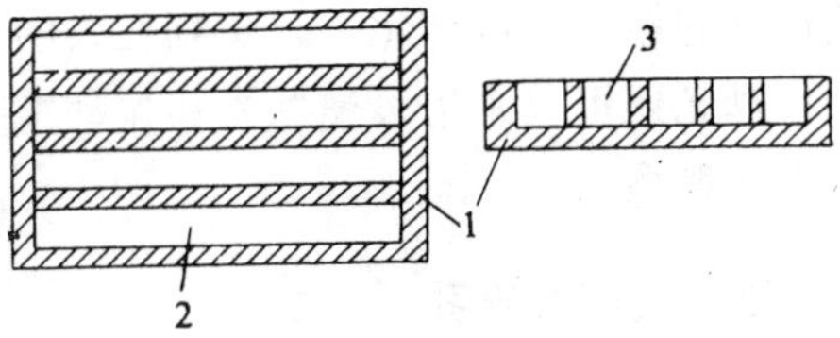

图 7-17　用石膏或沥青粘结片料和条料

1. 石膏（沥青）；2. 片料；3. 条料

(3) 采用对切的方法。使崩口出现在中间，容易磨掉。不过，这要求对切的两个面的重合度较高，误差不超过 0.1—0.3mm，由此引起的平面度误差不超过 0.5mm。为使对切误差尽量小，可借助于画辅助线的方法。

二、粗磨和细磨

棱珠的粗磨和细磨都是在盘磨机上完成的。磨盘可以是固着磨料的砂盘，也可以是使用游离磨料的铸铁盘。磨盘上有一个把持棱珠坯的盖盘。盖盘由基盘和圆玻璃板构成，二者用虫胶或树脂胶粘在一起。棱坯就用虫胶粘结在玻璃板上（见图 7-18）。

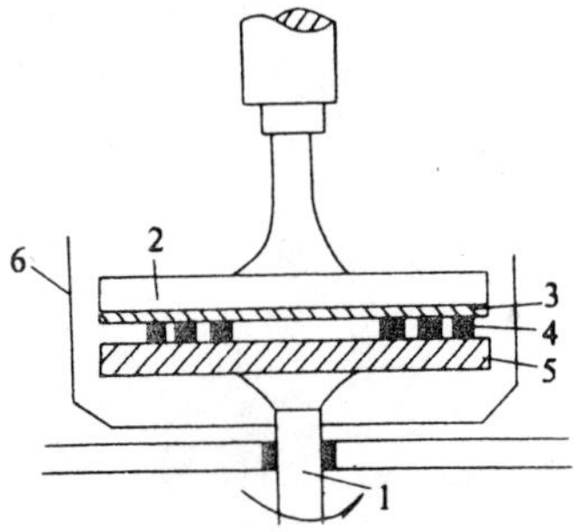

图 7-18　盘磨机粗磨棱珠坯简图

1. 主轴；2. 盖盘；3. 玻璃板；4. 珠坯；5. 砂盘；6. 护圈

工作时，把上盘降下，让珠坯与砂盘接触并加适当压力。一面粗磨好后就进行细磨，完成后，拆胶转动棱坯，研磨另一个面。为了提高工效，可以准备几个盖盘，当一个在使用时，可以准备另一个。

棱珠坯单粒分散均匀粘结在玻璃板上研磨，有时个别珠坯会由于某种原因而松动胶，从而可能引起其他珠坯的脱落，并可能受损害。解决的办法是，把几个或十几个珠坯先用胶粘成一块片料，然后再粘到盖盘上（图 7-19）。这样就可以避免单粒珠坯的脱落。

使用盘磨机对棱珠坯进行粗磨和细磨时，除注意一般的操作问题外，还要特别注意：

（1）一次上盘的棱珠坯形状、大小要一样；材料也尽量相同；

（2）把珠坯粘结到玻璃板上时，要使所有珠坯的磨削面在一个平面内，且均平行于盖盘面，而盖盘面则应平行于磨盘面，否则就会产生较大的误差；

（3）研磨中，要注意冷却，不能使盘面和珠坯温度过高（<80℃），因为温度太高，会使胶软化，造成珠坯移动或脱落。

（4）细磨和粗磨的操作方法一样，但所用磨料粒度不同而已。

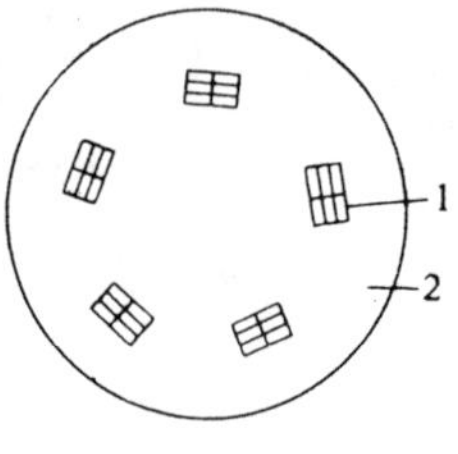

图 7-19　珠坯粘结法

1. 珠坯；2. 盖盘

三、抛光

抛光的方法与细磨没有多大差异，只是要把磨盘换成抛光盘。抛光盘是把细帆布或较薄的牛皮直接用胶粘结在硬平面盘上制成。棱珠坯抛光只进行粗抛和精抛。粗抛时用 280#—W_{40}的碳化硅或刚玉砂，精抛用 W_7—$W_{1.5}$的抛光剂。不同抛光分工序应使用专用抛光盘，不能混用。用这种方法抛光棱珠，既可以获得比较好的抛光效果，又可以使棱珠的棱角稍微钝化，以免划伤人的皮肤。

抛光还可以采用滚桶抛光和振动抛光，不过棱珠的棱角钝化程度更高，但一般不会影响棱珠的造型。

四、过蜡和穿孔

棱珠的过蜡和穿孔工序与圆珠基本相同。孔轴线应与棱珠柱的中心轴线重合。由于穿孔深度较大，因此宜采用两端对穿孔的方法。

棱珠的加工除了采用上述方法外，也可完全采用手工操作，同样能加工出质量较好的棱珠，且相对圆珠的加工更容易掌握。

第八章　异型宝石的加工

异型宝石包括自由型和随（意）型两类琢型。自由型宝石是人们根据原石的自然形态、颜色、色形等刻意琢磨出的造型。常见的有各种不规则的刻面型宝石，多呈不规则多面体。许多较大颗粒的钻石就琢磨成自由刻面型钻石。此外，各种小佩件，如戒指环、手镯等，以及写实小雕件也属自由型。随型宝石就是完全由原石形状来决定其造型，人们要做的工作仅仅是磨去原石的棱角，并将其抛光和穿孔。

第一节　自由型宝石的加工

一、原石材料

自由型宝石的选材也十分广泛，从高档到低档，从透明—不透明的宝石材料均可以琢磨成自由型。原石的粒度一般不大（除钻石外），加工中所除去的余量不多，如果作为观赏石，则除去的余量就更小。另外，虽然自由型宝石对原石材料的要求比较低，但明显的裂纹和杂质等缺陷仍然是不允许出现的。

二、加工工艺及加工设备

1. 自由刻面型

自由刻面型宝石多数是高档宝石，如钻石、红宝石、蓝宝石、欧泊等。其造型一方面由原石形状、尺寸大小决定，另一方面又受琢磨者的设计和琢磨经验决定。

自由刻面型宝石的加工工序主要有：出坯、研磨和抛光。出坯实际上只是稍作修整，如把原石的外皮、多余棱角、表面裂纹和杂质等切除。研磨十分麻烦，每一个翻光面都有其特殊的形状、尺寸和角度，因此每研磨一个面都要记下角度和圆周分度号，并在该面上作记号，以便后面的抛光能顺利进行。若面太多，那就要每磨一个面，就抛光一个面。研磨的操作方法与刻面型宝石基本相同。首先把毛坯粘结到一个粘杆的粘结端，或用夹头夹住宝石，研磨并抛光宝石的一半（相当于刻面型的冠部），然后掉转毛坯，研磨并抛光另一半（相当于亭部）。对于形状奇特的宝石毛坯，有时要分几部分分别进行研磨和抛光。

自由刻面型宝石的加工设备要求功能比较齐全，精度要高，角度和分度都应该有微调装置。目前国内一些厂家所使用的高精度机械手刻磨机或万能刻磨机就可以用于自由刻面型宝石的加工。

由于自由刻面型宝石的造型不规则，因此其颜色、亮度、色度及火彩都难以达到刻面型宝石那样的理想状态，特别是漏光现象比较严重。但它也有其可贵之处：①可以最大限度地保存原石重量；②造型奇特别致，另有一番风采，因而越来越受到人们的喜爱。不过，其琢磨的难度极大，限制了它的生产量，只适合于少数高档宝石。

2. 小佩件和写实小雕件

这类自由型宝石的琢磨比较特殊。其造型设计多是根据原石形状与某种实物的相似程度进行，或者根据人们的装饰需要来设计。

加工的主要工序比较复杂，特别是写实小雕件。其主要工序大致有切割、雕磨、抛光和过蜡。

切割只能出雏型，包括去原石“外皮”，挖脏点，剔“骨髓”等。其基本手法在玉雕行业中称为铡、摽、扣、划。铡即切割，切去不要的部分；摽是去棱角；扣就是挖去脏点和“骨髓”；划是铡和扣的混合使用。实际上，切割不仅是为了去掉余料，也是出造型的一种方法之一。切割使用的辅助工具，主要是铊片（锯片），厚度一般在 1.0—2.0mm 之间。

雕磨是出造型的工序，包括冲和轧两道分工序。冲是指大面积磨削，轧是指深度磨削。这两道分工序有时需交替进行。此外，细部的雕磨常常还要实施勾、撤、掖和顶撞等手法。所用工具如勾铊、钉子、平口等。

抛光的操作与雕磨类似。但抛光的工具和抛光剂与雕磨的工具和磨料不同。

有些情况下，还要进行穿孔，方法与珠型宝石的穿孔方法没有什么本质区别。

所有琢磨好的自由型宝石雕件都要过蜡，方法和工具与圆珠过蜡一样。过蜡后要仔细擦拭，防止表面蜡层膜厚薄不匀而造成的光泽不匀。

自由型雕件的加工设备与前面所有讲过的设备都不同，它实际上是一种玉雕设备，其基本结构见图 8-1 所示。使用皮带传动装置。电动机与工作头用钢柱连结在一起，可以同时升降。

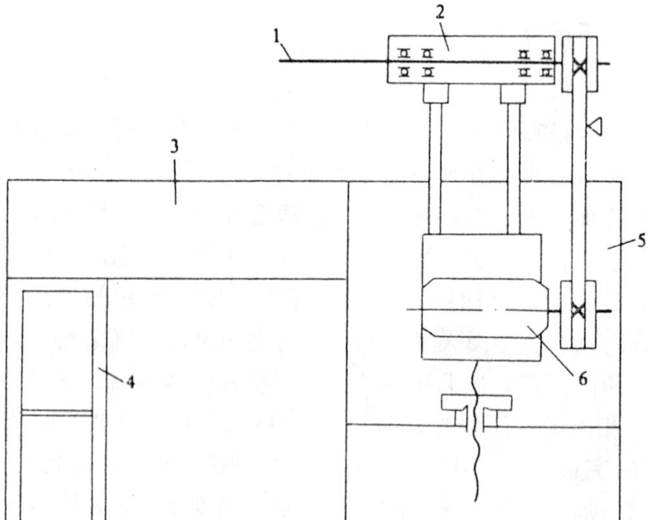

图 8-1　玉雕机结构简图

1. 磨头；2. 工作头；3. 水槽；4. 工具箱；5. 传动箱；6. 电动机

工作头左端可以装卡磨头。雕磨所用的磨具形状有多种，各自用途也不一样。图 8-2 是几种最常用的钻粉磨头。目前，磨头大多数是电镀钻粉磨头，其磨削效率高，寿命长，制作工艺简单，价格也不算高。抛光工具一般自制，形状与磨头相类似，根据需要而定。制作材料有树脂胶、木、布、皮革、葫芦皮等。

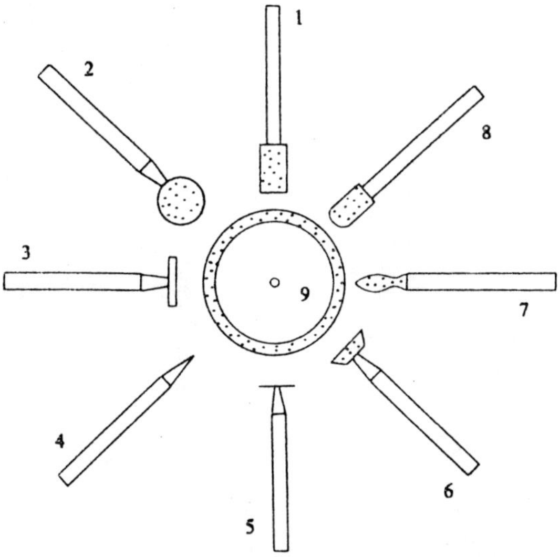

图 8-2 常见的钻粉磨具

1. 棒平；2. 圆球；3. 平口；4. 尖针；5. 勾铊；6. 钉子；7. 枣棒；8. 棒圆；9. 铊片

第二节 随型宝石的加工

一、原石材料

随型宝石的材料包括绝大部分低档宝石的小粒碎料和部分中、高档宝石的边角料。块度较大的原石一般不用作随型宝石。选作随型宝石的材料，通常要求裂纹少，并且细微，内含物少，质地致密均匀，颜色鲜艳，但形状不限。

二、加工工艺

随型宝石的造型基本上由其原石形状决定，琢磨的余量较少，一般只要磨去棱角，抛光即可。因此工艺十分简单。

随型宝石的工序主要是研磨和抛光，都使用滚桶来完成。研磨可分为粗磨和细磨两道分工序，前者可用 46#—100# 的碳化硅和水进行，具体选多大粒度磨料，要根据宝石硬度而定。后者可使用 150#—240# 的碳化硅和水进行。抛光也分为粗抛和细抛，粗抛可用 W_{63} 或 W_{40} 的磨料，细抛可使用 W_7 或 $W_{1.5}$ 抛光剂与水进行。抛光剂主要有氧化铬、氧化铁、氧化铝和硅藻土。

随型宝石的过蜡和穿孔也很简单，与圆珠一样。

由于随型宝石不存在造型问题，其造型已由大自然完成，所以，它表现出千姿百态天然石形态美。目前，一些观赏石（三峡石、雨花石等）就是随型的，只是其研磨已由自然完成，人们所做的只是抛光或过蜡和上漆。此类观赏石色彩斑斓、花纹优美、朴质自然，深受广大消费者的喜爱。

主要参考文献

张志纯等，1988，宝石雕琢大全，台湾：台湾徐氏基金会。
周国平，1989，宝石学，武汉：中国地质大学出版社。
栾秉璈，1985，宝石，北京：冶金工业出版社。
Eric Bruton，F. G. A.，1981，Diamonds，N. A. G. Press LTD.，London.
John Sinkankas，1984，Gem Cutting，VAN. Nostrand Reinhold Co.，New York.
Webster，R.，1970，Gems：Their sources，descriptions and identifications 2nd ed.，Butterworths，London.

宝 石 矿物名称		主要物理性质						工 艺	
		C	T	*HM*	*HL*	*R*·*I*	CL	可琢磨性	抛光性
阳起石 (Aclinolite)		绿略带灰	透明	5—6	6	1.61—1.64	完全	性脆,易裂, 难预形	可抛光
琥 珀 (Amber)		黄色、棕黄褐色	透明—半透明	2—2.5	2—2.5	1.54	无	性韧、质软, 极易琢磨	易抛光
锐钛矿 (Anatase)		棕、褐色	半透明—不透明	5.5—6	6	2.49—2.56	完全	性韧,难琢磨	可抛光
夕线石 (Sillimanite)		无色、黄—黄 绿色	半透明—不透明	7.5		1.659—1.680	完全	性脆、易裂, 难预形	不易抛光
红柱石 (Andalusite)		粉红、玫瑰红	透明—半透明	7—7.5	7.5	1.634—1.643	完全	性脆、易裂, 易琢磨	易抛光
磷灰石 (Apatite)		黄绿色、蓝绿色	透明—半透明	5	4—4.5	1.63—1.64	不完全	性脆、质软, 易琢磨	可抛光
鱼眼石 (Anophyllite)		无色、白色	透明	4.5—5	4.5	1.53—1.54		性脆、质软, 易琢磨	易抛光
普通辉石 (Augelite)		暗绿—黑色	透明—半透明	4.5—5	5—5.5	1.57—1.59	完全	性脆、易裂, 易琢磨	易抛光
斧 石 (Axinite)		褐带灰色	半透明—不透明	6.5—7	6—7.5	1.68—1.69		性韧、有硬 度异向性	易抛光
绿柱石类	祖母绿 (Amerald)	鲜绿色 略带蓝色	透明—半透明	7.5—8	7	1.56—1.60	不完全	性脆、易裂, 易琢磨	易抛光
	海蓝宝石 (Aguamarine)	浅蓝带绿 —天蓝色	透明—半透明	7.5—8	7	1.56—1.60	不完全	性脆,易琢磨	易抛光
	绿色绿宝石 (Green Beryl)	绿色、绿带黄色	透明—半透明	7.5—8	7	1.56—1.60	不完全	性脆,易琢磨	易抛光
	金黄色绿宝石 (Golden Beryl)	黄色、酒黄色	透明—半透明	7.5—8	7	1.56—1.60	不完全	性脆,易琢磨	易抛光
磷铍矿 (Beryllonite)		无色—白色 浅黄色	透明	7.5—8	5.5—6	1.55—1.56	完全	性脆、易裂, 易琢磨	易抛光
巴西石 (Brazilianite)		黄绿色、深黄色	透明	5.5	6.5	1.60—1.61	完全	性脆,易琢磨	易抛光

款式和常用工艺材料

性质			琢型	工艺参数		工艺材料				备注
特殊光学效应	热敏感性	耐酸碱性		冠主面角	亭主面角	研磨		抛光		
						磨具	磨料	抛光盘	抛光剂	
个别品种可出猫眼	不敏感	强	刻面型	40°	40°	砂轮、砂盘	碳化硅	皮革盘 锡铅盘	红宝粉、 氧化铈	
少数珍品内含古昆虫	热敏感	差	凸面型、珠型、刻面型	40°—50°	43°	玉工锯、锉、刻刀、砂纸		毡盘或皮革盘、布盘	铝氧粉、绿粉、硅藻粉	
	不敏感	强	凸面型			砂轮、砂盘	碳化硅	皮革盘、毡盘、木盘	红宝粉、 氧化铬	
极少数品种可出猫眼	不敏感	强	凸面型			砂轮、砂盘	碳化硅	皮革盘	铝氧粉	
	不敏感	强	刻面型	40°	40°	砂盘、钻粉盘	碳化硅 钻石粉	锡铅盘 铝合金盘	红宝粉、 钻石微粉	有多色性
个别品种可出猫眼	热敏感	中等	刻面型	40°	40°	砂盘	碳化硅	沥青盘	氧化铈	
	不敏感	中等	刻面型	40°—50°	43°	砂盘	碳化硅	沥青盘	氧化铈、 氧化锡	
	中等敏感	强	刻面型	40°—50°	43°	砂盘	碳化硅	锡铅盘	氧化铈、 氧化铝	
			凸面型			砂轮、砂盘	碳化硅	皮革盘、毡盘	红宝粉、 氧化铬	
	不敏感	强	刻面型	40°	40°	砂盘	碳化硅	锡铅盘、 铝合金盘	红宝粉、 氧化铈	
极个别品种可出猫眼	不敏感	强	刻面型	40°—50°	43°	钻粉盘	钻石粉	锡铅盘	红宝粉、 氧化锡	
			凸面型			砂轮、砂盘	碳化硅	皮革盘、 毡盘	红宝粉 氧化铬	
半透者常可出猫眼	不敏感	强	刻面型	40°—50°	43°	钻粉盘	钻石粉	铝合金盘	钻石粉、 氧化铈	
			凸面型			砂轮、砂盘	碳化硅	皮革盘	红宝粉 氧化铬	
半透者常可出猫眼	不敏感	强	刻面型	40°—50°	43°	钻粉盘	钻石粉	铝合金盘	钻石粉	
半透者常可出猫眼	不敏感	强	刻面型	40°—50°	43°	钻粉盘	钻石粉	铝合金盘	钻石微粉	
			凸面型			砂轮、砂盘	碳化硅	皮革盘	红宝粉	
	热敏感	中等	刻面型	40°—50°	43°	砂盘	碳化硅	锡铅盘、 沥青盘	红宝粉、 氧化铈	
	不敏感	强	刻面型	40°	40°	砂盘	碳化硅	锡铅盘	红宝粉	

附表(续1)

宝石矿物名称		主要物理性质						工艺	
		C	T	*HM*	*HL*	*R*·*I*	CL	可琢磨性	抛光性
锡石 (Cassiterite)		褐、黄、棕、带灰	半透明	6—7	6—7	1.99—2.10	不完全	性韧,可琢磨	不易抛光
金绿宝石 (Chrysoberyl)		金黄—黄带绿色	透明—半透明	8.5	8.5—8.8	1.76—1.77	无	性韧,不易琢磨	难抛光
珊瑚 (Coral)		红色、黑色、白色	不透明	3.5—4		1.486—1.658	无	性脆,质软,易琢磨	易抛光
刚玉类	红宝石 (Ruby)	深红色	半透明—透明						
	蓝宝石 (Sapphire)	深蓝色		9	9	1.76—1.78	无	性韧,难琢磨	难抛光
	变色刚玉	从浅紫—深紫变为蓝色	透明						
赛黄晶 (Danburite)		无色、苍白—黄色	透明	7.0—7.25	7.0—7.25	1.63—1.64	中等	性韧,不易琢磨	不易抛光
透辉石 (Diopside)		无色、浅绿—深绿	透明—半透明	5—6	5—7	1.67—1.70	完全	性脆,易琢磨	易抛光
顽火辉石 (Enstatite)		无色、绿或褐绿色	透明—半透明	5.5	6	1.66—1.67	完全	性脆,易琢磨	易抛光
绿帘石 (Epidote)		草绿色—鲜黄绿色	透明—半透明	6—7	6—7	1.74—1.76	完全	性脆,易琢磨	易抛光
长石类	月长石 (Moonstone) 日长石 (Sunstone) 天河石 (Amazonite) 灰钠斜长石 (Labradorite)	白色—蓝色 天蓝色	透明—半透明	6—6.5	6—6.5	1.52—1.57	完全	性脆,易琢磨	易抛光
萤石 (Fluorite)		无色、绿、红、蓝、紫、黄	透明	4	4	1.43	完全	性脆,易裂,不易琢磨	易抛光
玻璃 (Glass)		无色—各种色调	透明—不透明	5—6	5	1.44—1.77	无	性脆,易琢磨	易抛光

性质			琢型	工艺参数		工艺材料				备注
						研磨		抛光		
特殊光学效应	热敏感性	耐酸碱性		冠主面角	亭主面角	磨具	磨料	抛光盘	抛光剂	
	不敏感	强	刻面型	30°—40°	37°—40°	砂盘、钻粉盘	碳化硅钻石粉	锡铅盘、铝合金盘	红宝粉、氧化锡、钻石微粉	注意色形
常可出珍贵的金绿猫眼	中等敏感	强	刻面型	40°	40°	钻粉盘	钻石粉	铝合金盘	钻石微粉	
			凸面型			砂盘	碳化硅或钻石粉	皮革盘、木盘	钻石微粉	
	热敏感	差	凸面型、珠型、异型			砂轮、砂盘、砂纸、刻刀	碳化硅	带轮、帆布盘	氧化铝、氧化铁、硅藻粉	
半透明者有时可琢磨出星光红宝石	不敏感	强	刻面型	40°	40°	钻粉盘	钻石粉	铝合金盘	钻石微粉	注意色带有强多色性
			凸面型			钻粉轮、盘	钻石粉	硬木盘、沥青盘	钻石微粉	
半透明者有时可琢磨出星光蓝宝石			刻面型	40°	40°	钻粉盘	钻石粉	铝合金盘	钻石微粉	
			凸面型			钻粉轮、盘		硬木盘、沥青盘		
有变彩效应			刻面型	40°	40°	钻粉盘	钻石粉	铝合金盘	钻石微粉	
	不敏感	强	刻面型	40°	40°	砂盘、钻粉盘	碳化硅钻石粉	锡铅盘、铝合金盘	红宝粉、钻石微粉	
个别品种可出猫眼甚至星光	热敏感	中等	刻面型	40°	40°	砂盘	碳化硅	锡铅盘	红宝粉、氧化铈	
			凸面型			砂轮、砂盘	碳化硅	皮革盘	氧化锡、红宝粉	
个别品种可出猫眼	热不敏感	强	刻面型	40°	40°	砂盘	碳化硅	锡铅盘	氧化锡、氧化铈	
			凸面型			砂轮、砂盘		皮革盘、毡盘	氧化铬	
	不敏感	强	刻面型	40°	40°	砂盘	碳化硅	锡铅盘、沥青盘	红宝粉、氧化铈	
常可出月光石效应 常可出金星效应 可出月光石效应	不敏感	强	凸面型、珠型			砂轮、砂盘	碳化硅	皮革盘、毡盘	红宝粉、氧化铬、玛瑙粉	
	热敏感	差	刻面型	40°—50°	43°	黄铜盘	钻石粉、碳化硅	沥青盘	氧化铈	
有的可出人造猫眼、星光	不敏感	强—中等	刻面型	40°—50°	43°	砂盘	碳化硅	锡盘	氧化铈、氧化铬	
			凸面型、珠型			砂轮、砂盘		布轮、毡盘	氧化铬、氧化铁	

附表(续 2)

宝石矿物名称		主要物理性质						工艺	
		C	T	*HM*	*HL*	*R*·*I*	CL	可琢磨性	抛光性
石榴石类	贵榴石 (Almandite)	红、紫、褐色	透明	7—7.5	6.5—7.5	1.74—1.89	无	性韧,易琢磨	易抛光
	红榴石 (Pyrope)	红色—红褐色							
	锰铝榴石 (Spessartite)	橙、暗红、褐红色							
	钙铬榴石 (Uvarovite)	绿色							
	钙铁榴石 (Andradite)	褐色、鲜绿色		6.5—7					
	钙铝榴石 (Grossularite)	无色、白、绿黄、褐红色	半透明					性极韧,不易琢磨	
针铁矿 (Goethite)		红褐、暗褐—黑色	不透明	5—5.5	5—5.5		无	性脆、易裂,不易琢磨	不易抛光
赤铁矿 (Hematite)		钢灰—铁黑色	不透明	5	5		无	性脆,易琢磨	易抛光
紫苏辉石 (Hypersthene)		绿—暗绿褐—黑色	半透明—不透明	5.5	6	1.66—1.67	完全	性脆,易琢磨	易抛光
符山石 (Idocrase)		蓝色—黄绿色	半透明—微透明	6.5	6.5	1.73—1.74	不完全	性韧,不易琢磨	不易抛光
堇青石 (Iolite)		蓝带紫色	透明—半透明	7—7.5	7	1.53—1.55	中等	性韧,易琢磨	易抛光
硬玉 (Jadeite)		白、绿、兰、青、紫、红、黑色	半透明—微透明	6.5	7	1.65—1.67	无	性韧,难琢磨	难抛光
蓝晶石 (Cyanite)		无色—浅蓝	透明	4(纵面)7.5(横面)	4—7.5	1.71—1.73	完全	性脆、易裂,不易琢磨	不易抛光
青金石 (Lapis dazuli)		青—蓝色绿带紫色	不透明	5.5	5.5	1.50	无	性韧、质软,易琢磨	易抛光
天蓝石 (Lazulite)		天蓝—蓝色	不透明	5—6	5		无	性脆,易琢磨	易抛光
孔雀石 (Malachite)		绿色、蓝绿色	不透明	3.5—4	3.5—4		无	易琢磨	易抛光

性质			琢型	工艺参数		工艺材料				备注
特殊光学效应	热敏感性	耐酸碱性		冠主面角	亭主面角	研磨		抛光		
						磨具	磨料	抛光盘	抛光剂	
个别品种可出星光	中等敏感	强	刻面型、	40°	40°	砂盘	碳化硅	铜盘	氧化铈、红宝粉	
			凸面型			砂盘	碳化硅	皮革盘、木盘	氧化铝、红宝粉	
	不敏感	强	凸面型			砂盘	碳化硅	毡盘、皮革盘	氧化铁	
	不敏感	中等	凸面型、珠型			砂轮、砂盘	碳化硅	皮革盘、木盘	氧化铝、铝土矿	
	不敏感	强	凸面型			砂轮、砂盘	碳化硅	皮革盘	氧化铬	
	不敏感	强	凸面型			砂轮、砂盘	碳化硅	皮革盘、毡盘	氧化铬、红宝粉	
个别品种可出猫眼	不敏感	强	刻面型	40°—50°	43°	钻粉盘	钻石粉	锡铅盘	氧化锡、红宝粉	多色性强
			凸面型			砂轮、砂盘	碳化硅	皮革盘、木盘	氧化铈、红宝粉	
	不敏感	强	凸面型			砂轮、砂盘	碳化硅	皮革盘、木盘	红宝粉、氧化铬	
			珠型、异型			砂盘、滚桶		毡盘、滚桶	碳化硅、氧化铬	
	不敏感	强	刻面型	40°	40°	砂轮、砂盘	碳化硅	锡铅盘、沥青盘	氧化锡、氧化铈	
	不敏感	中等	凸面型			砂轮、砂盘	碳化硅	皮革盘、毡盘	氧化铬、红宝粉	
			珠型、异型			砂盘、滚桶		滚桶	氧化铬	
	稍敏感	强	凸面型			砂轮、砂盘	碳化硅	皮革盘、毡盘	氧化铬	
纤维孔雀石出猫眼	热敏感	弱	凸面型			砂盘、砂纸	碳化硅	布轮、皮革盘	氧化铬、硅藻土	
			珠型、异型			砂轮、滚桶		滚桶	氧化铬	

附表(续3)

宝石矿物名称	主要物理性质						工艺	
	C	T	*HM*	*HL*	*R*·*I*	CL	可琢磨性	抛光性
软玉(Nephrite)	白色、青、绿、暗绿色	微透明—不透明	6—6.5	6—7	1.60—1.65	无	性韧，不易琢磨	难抛光
黑曜石(Obsidian)	黑、褐红色	透明—半透明	5	5	1.5	无	性脆、易裂，易琢磨	易抛光
欧泊(Opal)	白、黑、红、蓝、绿色	半透明—微透明	5.5—6.5	5	1.44—1.46	无	性脆、易崩口，易琢磨	易抛光
橄榄石(Peridot)	绿、黄绿色、黄色	透明	6.5—7	6	1.65—1.70	中等	性脆，易琢磨	易抛光
似晶石(Phenahite)	无色、黄、玫瑰红色	透明	7.5—8	7.5—8	1.65—1.67	完全	性韧，易琢磨	易抛光
葡萄石(Prehnite)	绿—黄绿色	透明—半透明	6—6.5	6—6.5	1.61—1.65	无	性韧，易琢磨	易抛光
黄铁矿(Pyrite)	浅铜黄色	不透明	6—6.5	5		无	性脆、易崩口，易琢磨	易抛光
水晶(Rock Crystal)	无色、紫、粉红、黄、绿、烟色	透明—半透明	7	7	1.54—1.55	无	性韧，易琢磨	易抛光
绿玉髓(Plasma)	绿、鲜黄绿色	半透明	6.5—7	7	1.54—1.55	无	性韧，易琢磨	易抛光
玛瑙(Agate)	各种颜色均可见	半透明—微透明	6—7	7	1.54—1.55	无	性韧，易琢磨	易抛光
墙薇辉石(Rhodonite)	深粉红或紫红色	不透明	5.5—6.5	5.5—6.5	1.71—1.75	完全	性脆、易裂，不易预形	不易抛光
金红石(Rutile)	暗红色	半透明	6—6.5	6.5—7	2.6—2.9	无	性韧，难琢磨	难抛光
柱石(Scapolite)	无色、黄、粉红、灰色	透明—半透明	6.5	6—7	1.55—1.56	完全	性脆，易琢磨	易抛光
白钨矿(Scheelite)	白、灰白色	透明—半透明	4.5—5	5—5.5	1.92—1.93	中等	性脆，易琢磨	易抛光
蛇纹石(Serpentine)	红、绿、褐黄色	半透明	2.5—4	4—5	1.49—1.57	无	性韧、质软，易琢磨	不易抛光
锡兰石(Sinhalite)	浅—深褐色	半透明	6.5	7	1.68—1.70		性脆，易琢磨	易抛光

性质			琢型	工艺参数		工艺材料				备注
						研磨		抛光		
特殊光学效应	热敏感性	耐酸碱性		冠主面角	亭主面角	磨具	磨料	抛光盘	抛光剂	
	不敏感	强	凸面型			砂轮、砂盘	碳化硅	皮革盘、毡盘	氧化铬、红宝粉	
			珠型、异型			砂盘、滚桶		滚桶、毡盘	氧化铬	
	热敏感	中等	凸面型、珠型			砂轮	碳化硅	毡盘	氧化铬、玛瑙粉	
			刻面型	40°—50°	43°	砂盘		沥青盘		
有变彩效应	热敏感	弱	凸面型			钻粉砂轮	钻石粉	毡盘、皮革盘	氧化铈	
			刻面型	40°—50°	43°	钻粉盘		尼龙盘、沥青盘	氧化铈、红宝粉	
	不敏感	强	刻面型	40°	40°	钻粉盘	钻石粉	铝合金盘	氧化铈、钻石粉	
			随型			滚桶	碳化硅	滚桶	氧化铝	
	不敏感	强	刻面型	40°	40°	钻粉盘	钻石粉	锡铅盘、铝合金盘	红宝粉、钻石微粉	
	不敏感	强	刻面型	40°	40°	砂盘	碳化硅	锡铅盘	氧化铈	
			凸面型			砂轮、砂盘	碳化硅	皮革盘、毡盘	氧化铬、红宝粉	
	热敏感	弱	凸面型、珠型			砂轮、砂盘	碳化硅	皮革、毡盘	氧化铬、氧化镁	
个别品种可出猫眼及星光	热不敏感	强	刻面型	40°—50°	43°	砂盘	碳化硅	锡铅盘	氧化铬、铝氧粉	
			凸面型、珠型			砂轮、砂盘		皮革盘、木盘	氧化铬、红宝粉	
	不敏感	强	凸面型、珠型			砂轮、盘、滚桶	碳化硅	皮革盘、滚桶	氧化铝、氧化铬	
	不敏感	强	凸面型			砂轮、砂盘	碳化硅	皮革盘	氧化铝、氧化铬	
			珠型、异型			砂盘、滚桶		滚桶		
	不敏感	强	凸面型、珠型			砂轮、盘	碳化硅	皮革盘、毡盘	氧化铈、红宝粉	
	不敏感	中等	刻面型	30°—40°	37°—40°	砂轮、盘	碳化硅	沥青盘、铝合金盘	红宝粉、钻石微粉	
	不敏感	强	刻面型	40°—50°	43°	砂盘	碳化硅	锡铅盘	氧化铈、红宝粉	
	不敏感	强	刻面型	40°	40°	砂盘	碳化硅	沥青盘	氧化锡、氧化铈	
	不敏感	强	凸面型			砂轮、砂盘	碳化硅	沥青盘、木盘	氧化铬、玛瑙粉	
			珠型、异型			滚桶、砂盘		滚桶	氧化铬	
	不敏感	强	刻面型	40°	40°	砂盘	碳化硅	锡铅盘	氧化铈、红宝粉	

附表(续4)

宝石矿物名称	主要物理性质						工艺	
	C	T	*HM*	*HL*	*R*·*I*	CL	可琢磨性	抛光性
菱锌矿 (Smithsonite)	无色、黄、绿、蓝色	半透明—不透明	4—4.5	5	1.62—1.85	完全	性脆、质软，易琢磨	易抛光
方钠石 (Sodalite)	无色、灰、黄、蓝、带绿色	半透明	5.5—6	5.5—6	1.48	中等—完全	易琢磨	易抛光
闪锌矿 (Sphalerite)	绿、橙、黄油色	半透明—透明	3.5—4.0	3.5—4.0	2.37	完全	性脆、质软，易琢磨	易抛光
榍石 (Sphehe)	黄色、绿、黄色	透明—半透明	5—5.5	5—5.5	1.9—2.03	完全	性脆、易裂，不易琢磨	不易抛光
锂辉石 (Spodumene)	紫丁香色	透明—半透明	6—7	6.5—8	1.65—1.68	完全	性韧，难琢磨	易抛光
尖晶石 (Spinel)	各种颜色均有	透明	8	7.5	1.71—1.74	无	性韧，不易琢磨	易抛光
黄玉 (Topaz)	无色、浅黄、蓝色	透明—半透明	8	7.5	1.63—1.68	中等	性韧，易琢磨	易抛光
电气石 (Tourmaline)	无色、红、蓝、绿色	透明	7—7.5	7	1.62—1.64	无	性韧，易琢磨	易抛光
玻璃陨石 (Tektite)	褐、绿、黑、红色	透明	5.5	5.5	1.48—1.50	无	性脆，易琢磨	易抛光
透闪石 (Tremotite)	无色、暗绿—灰绿色	透明	5—6	5—6	1.60—1.62	完全	性脆、易裂，易琢磨	易抛光
绿松石 (Turquois)	天蓝、绿带蓝色	不透明	5—6	5—5.5		无	性不脆，易琢磨	易抛光
毒重石 (Witherite)	无色、黄带褐色	半透明	3—3.75	3—3.75	1.53—1.68	完全	性韧、质软，易琢磨	易抛光
硅灰石 (Wollastonite)	无色、白色	半透明	4.5—5	4		完全	性脆、易裂，难预形	不易抛光
锆石 (Zircon)	褐带红色、黄色	透明	7.5	7.5—8	1.79—1.99	无	性韧，易琢磨	易抛光
黝帘石 (Zoisite)	绿—褐黄色	半透明—不透明	6—6.5	4—4.5	1.691—1.704	完全	性脆、易裂，不易预形	不易抛光
香花石 (Hsianghualite)	无色、乳白色	透明	6.5	6	1.613	无	性脆，易琢磨	易抛光

C. 颜色；T. 透明度；*HM*. 莫氏硬度；*HL*. 研磨硬度；*R*·*I*. 折光率；CL. 解理发育程度

性质			琢型	工艺参数		工艺材料				备注
						研磨		抛光		
特殊光学效应	热敏感性	耐酸碱性		冠主面角	亭主面角	磨具	磨料	抛光盘	抛光剂	
	中等敏感	弱	凸面型			砂轮、砂盘	碳化硅	皮革盘、毡盘	红宝粉、氧化铬	
			珠型			砂盘				
	不敏感	强	凸面型	40°—50°	43°	砂轮、砂盘	碳化硅	皮革盘	氧化铬	
			刻面型			砂盘		锡铅盘	红宝粉	
	不敏感	强	刻面型	30°—40°	37°—40°	砂盘	碳化硅	锡铅盘、沥青盘	红宝粉、氧化锡	
	不敏感	强	刻面型	30°—40°	37°—40°	砂盘	碳化硅	锡铅盘	红宝粉	
个别品种可出猫眼	不敏感	强	刻面型	40°	40°	砂盘	碳化硅	铝合金盘	氧化铈	
			凸面型			砂轮、砂盘	碳化硅	皮革盘	红宝粉	
	不敏感	强	刻面型	40°	40°	钻粉盘	钻石粉	铝合金盘、锡铅盘	钻石微粉、红宝粉	
	不敏感	强	刻面型	40°	40°	钻粉盘	钻石粉	铝合金盘	钻石微粉	
个别品种可以出猫眼	不敏感	强	刻面型	40°	40°	钻粉盘	钻石粉	铝合金盘	钻石微粉	有强多色性和色带
			凸面型			砂盘	碳化硅	皮革盘	红宝粉	
	热敏感	中等	刻面型	40°—50°	43°	砂盘	碳化硅	锡铅盘	氧化铈、氧化铁、	
			凸面型			砂盘	碳化硅	皮革盘	氧化铬	
个别品种可出猫眼	热不敏感	强	刻面型	40°	40°	砂盘	碳化硅	锡铅盘	氧化铈	
			凸面型			砂轮、砂盘		皮革盘	红宝粉	
	热敏感	弱	凸面型			砂轮、砂盘	碳化硅	皮革盘、毡盘	氧化铬	
			珠型、随型			砂盘、滚桶		滚桶		
	不敏感	中等	刻面型	40°	40°	砂盘	碳化硅	沥青盘	氧化锡、氧化铁	
个别品种可出猫眼	不敏感	强	凸面型			砂轮、砂盘	碳化硅	皮革盘	氧化锡	
	不敏感	强	刻面型	40°	40°	钻粉盘	钻石粉	锡铅盘、铝合金盘	红宝粉、钻石微粉	
	不敏感	强	凸面型			砂盘	碳化硅	皮革盘	氧化锡	
	不敏感	强	刻面型	40°	40°	砂盘	碳化硅	锡铅盘	氧化铈、红宝粉	

附图　常见款式的刻磨和抛光详细图解

1. 标准圆钻式之一
2. 标准圆钻式之二
3. 标准圆钻式之三
4. 椭圆钻式
5. 佳节式(64 分度)
6. 橄榄形钻式
7. 梨形钻式
8. 泪滴形钻式
9. 八边形钻式
10. 方钻式
11. 双玫瑰式
12. 祖母绿式
13. 拱顶混合式
14. 佳节式(96 分度)
15. 六角星钻式
16. 剪刀式

附图 1　标准圆钻式之一(水晶角度)

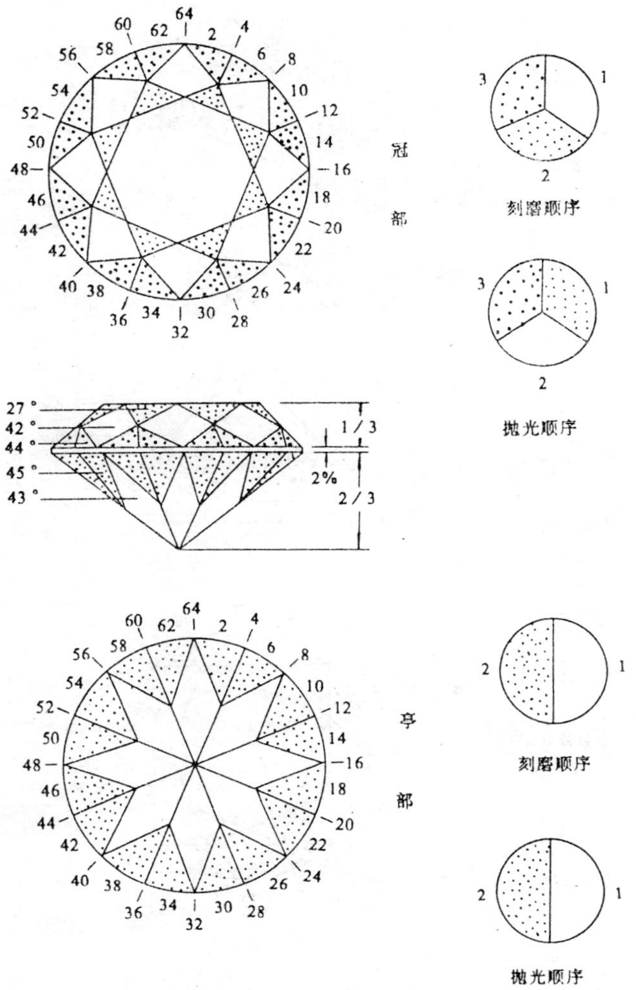

附图 2　标准圆钻式之二——垂直分主面(水晶角度)

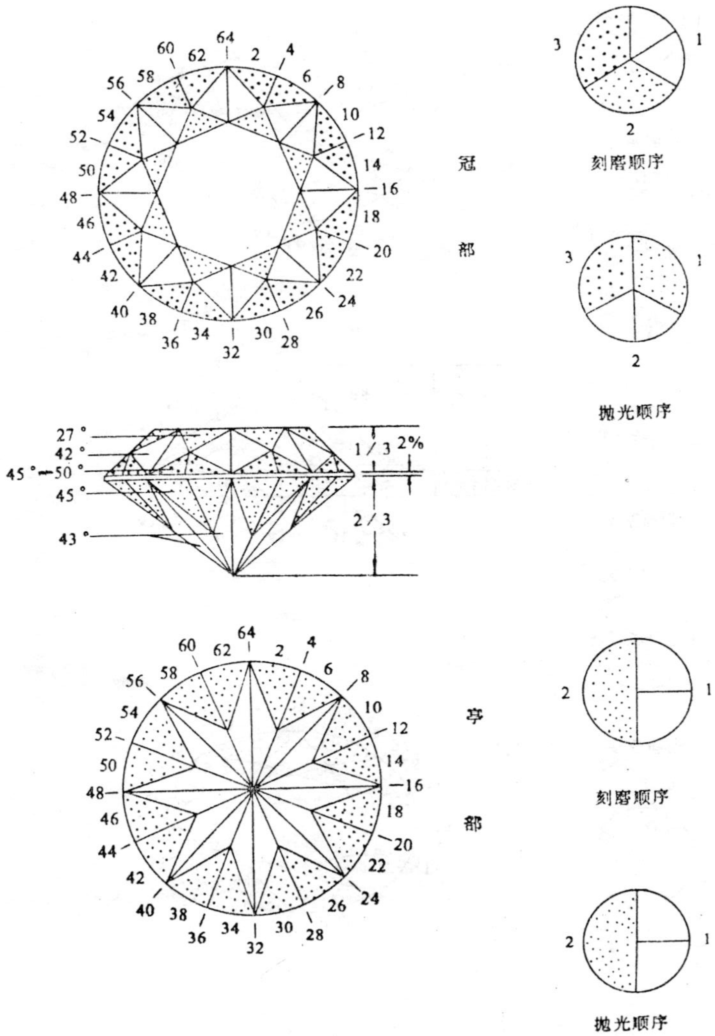

附图 3　标准圆钻式之三——水平分主面（水晶角度）

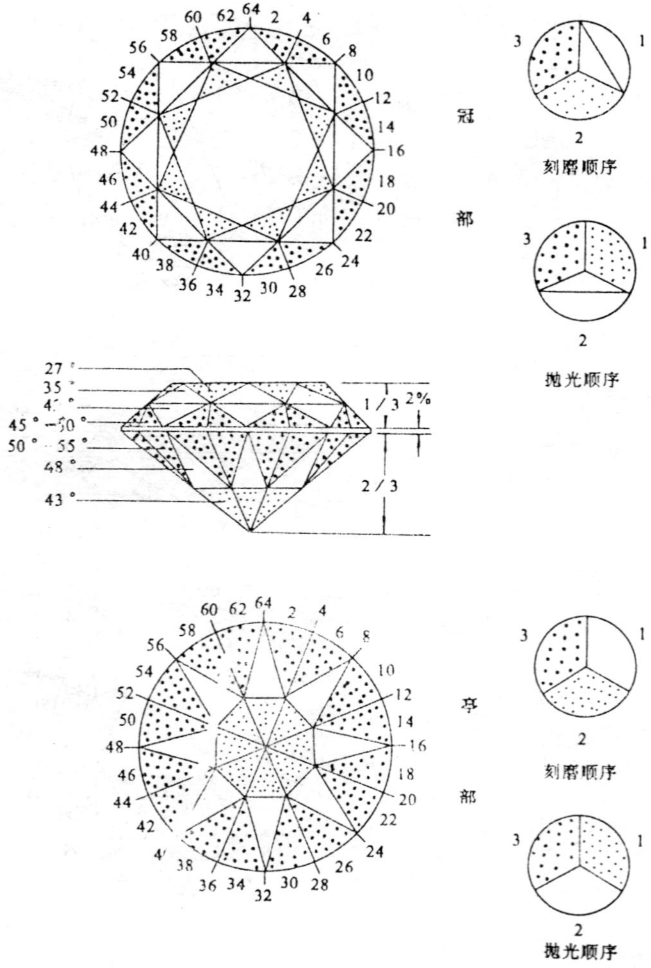

附图 4　椭圆钻式（水晶角度）

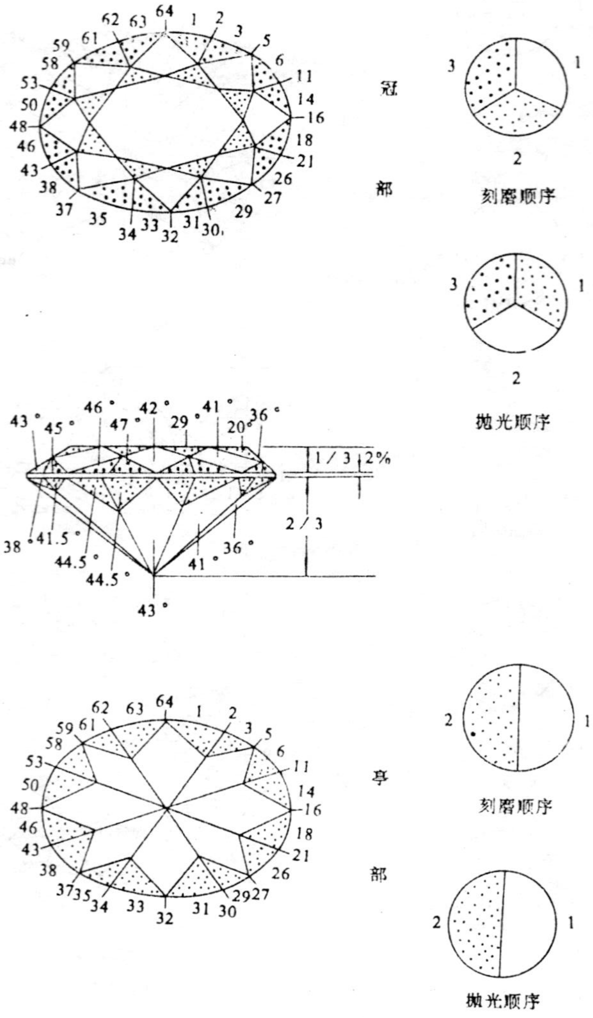

附图 5 佳节式——64 分度(黄玉角度)

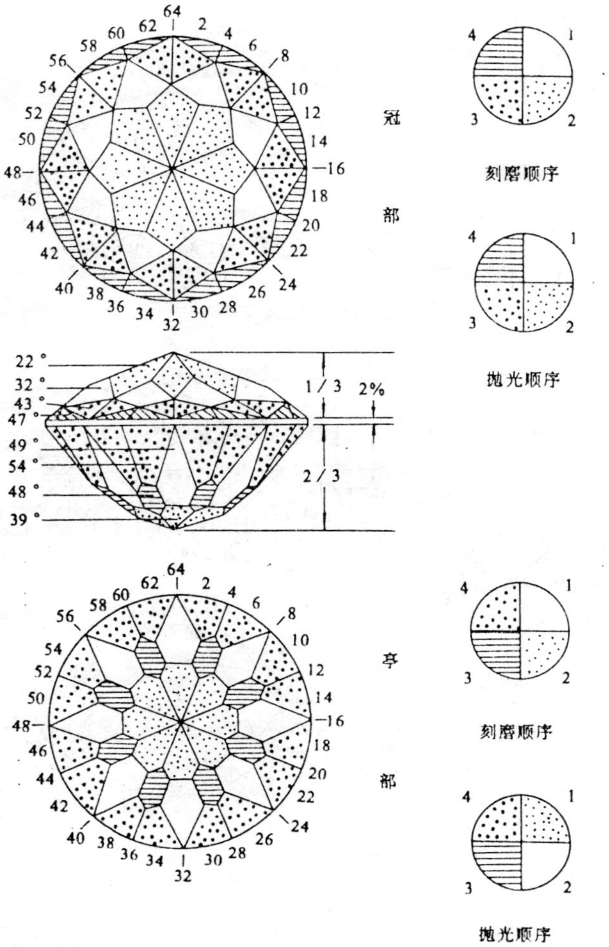

附图 6 橄榄形钻式(水晶角度)

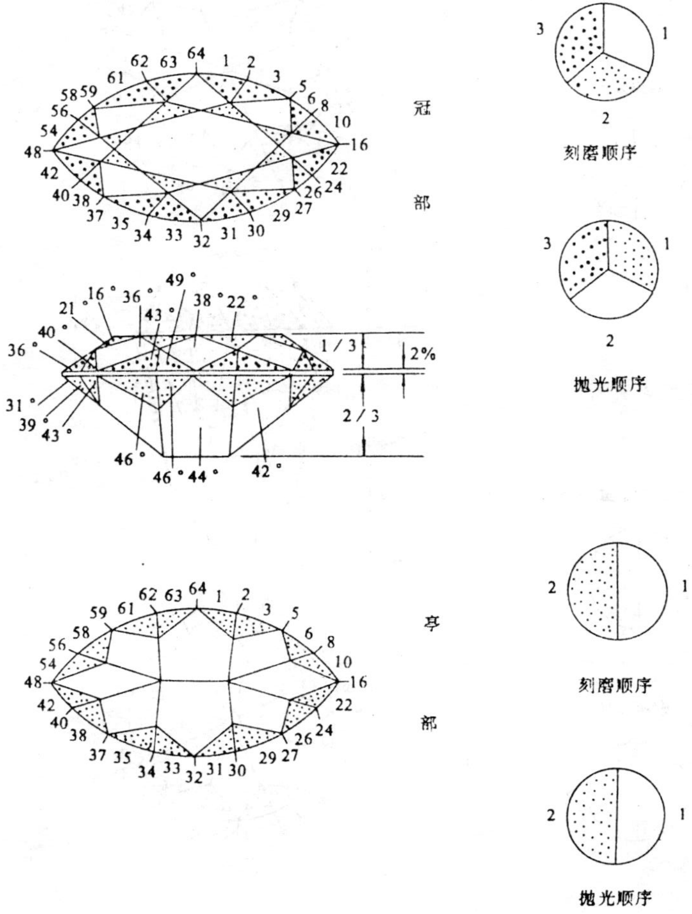

附图 7　梨形钻式(水晶角度)

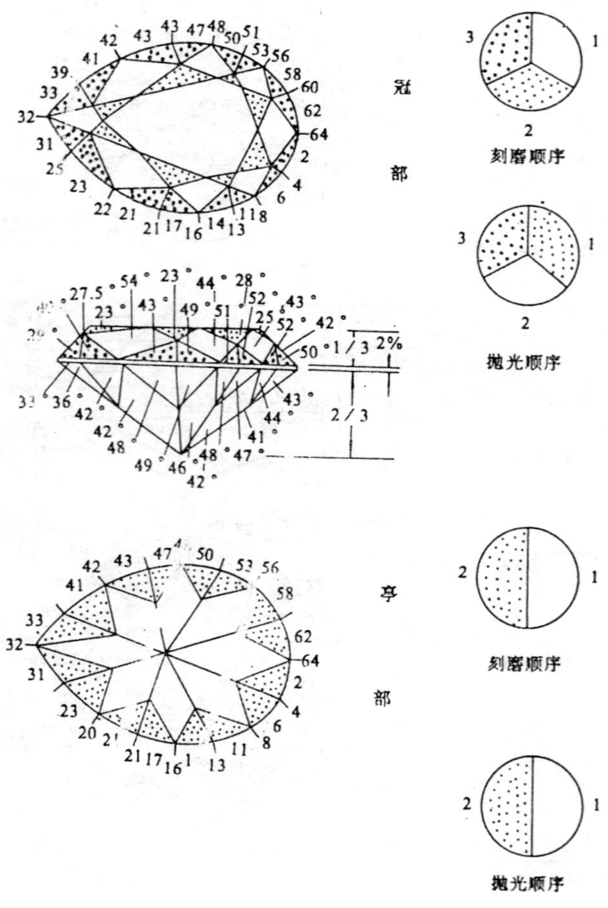

附图 8　泪滴形钻式(水晶角度)

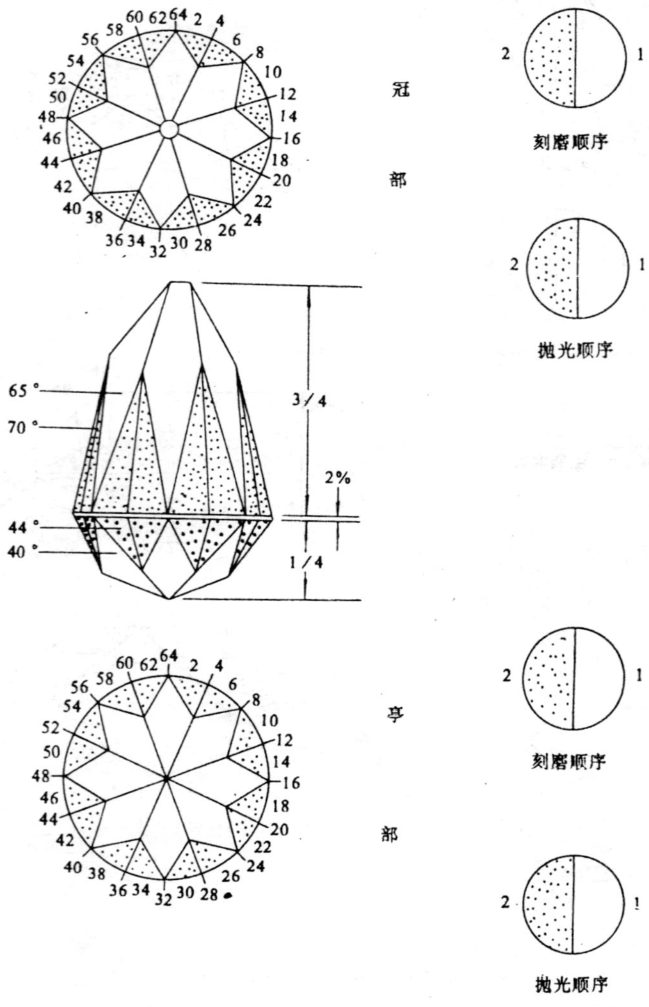

附图 9　八边形钻式(水晶角度)

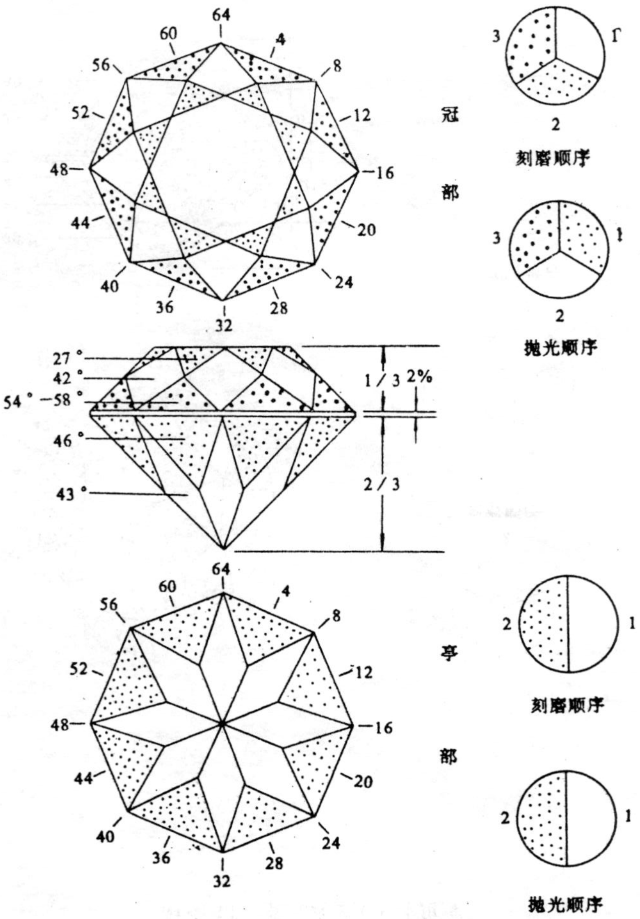

附图 10　方钻式(水晶角度)

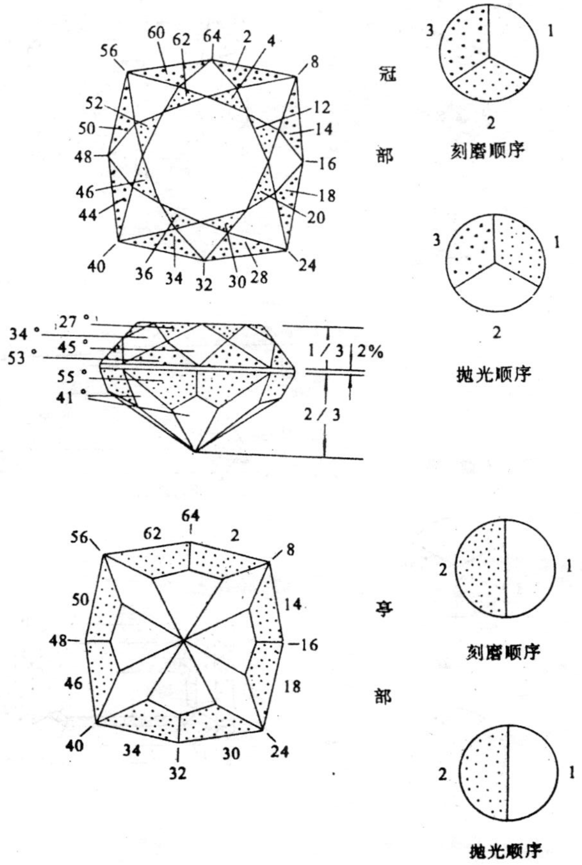

附图 11　双玫瑰式(水晶角度)

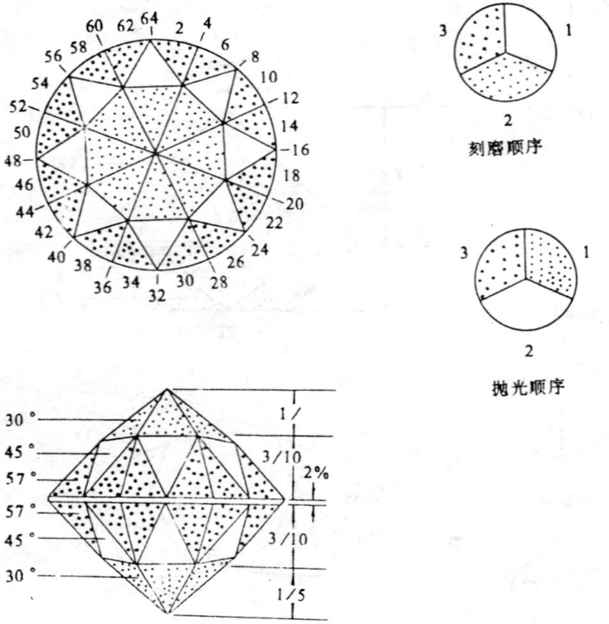

附图 12　祖母绿式(水晶角度)

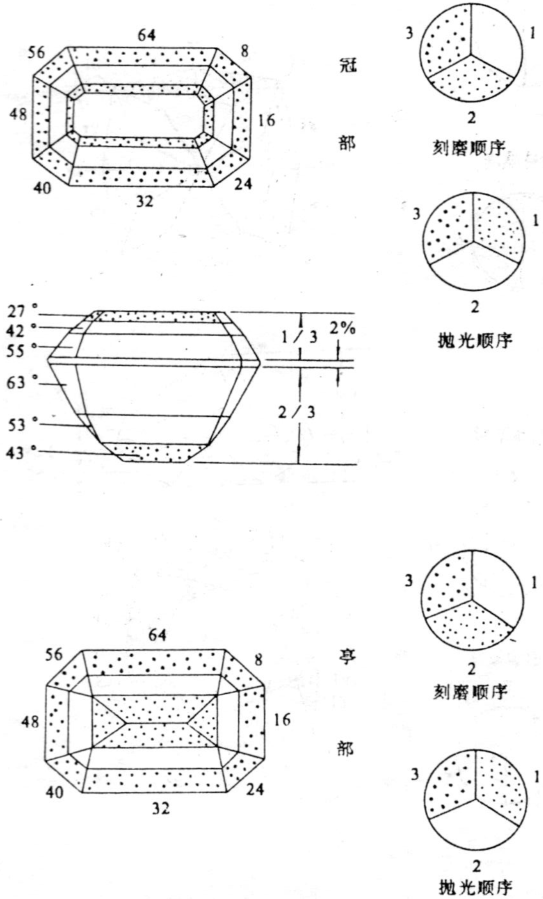

附图 13　拱顶混合式(水晶角度)

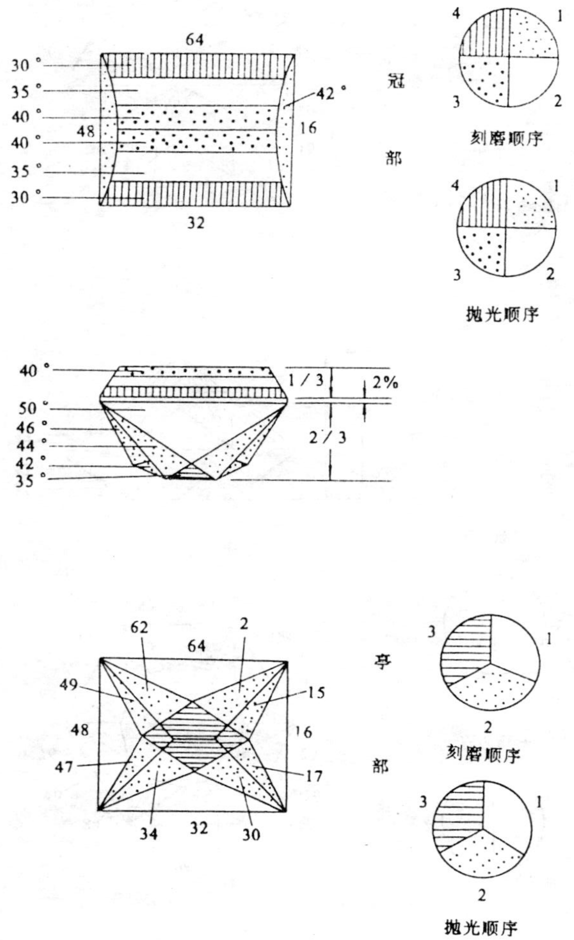

附图 14　佳节式——96 分度(水晶角度)

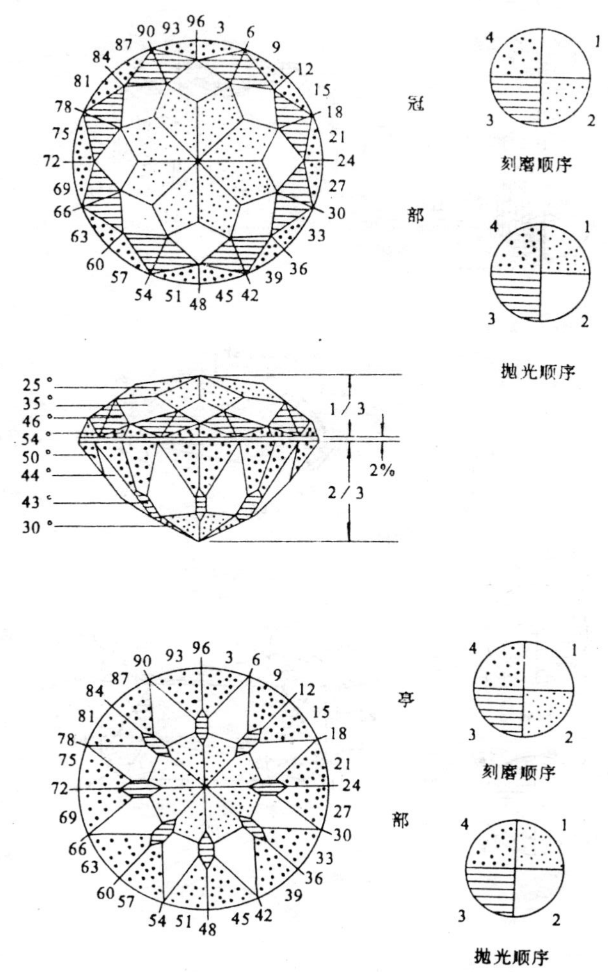

附图 15　六角星钻式(水晶角度)

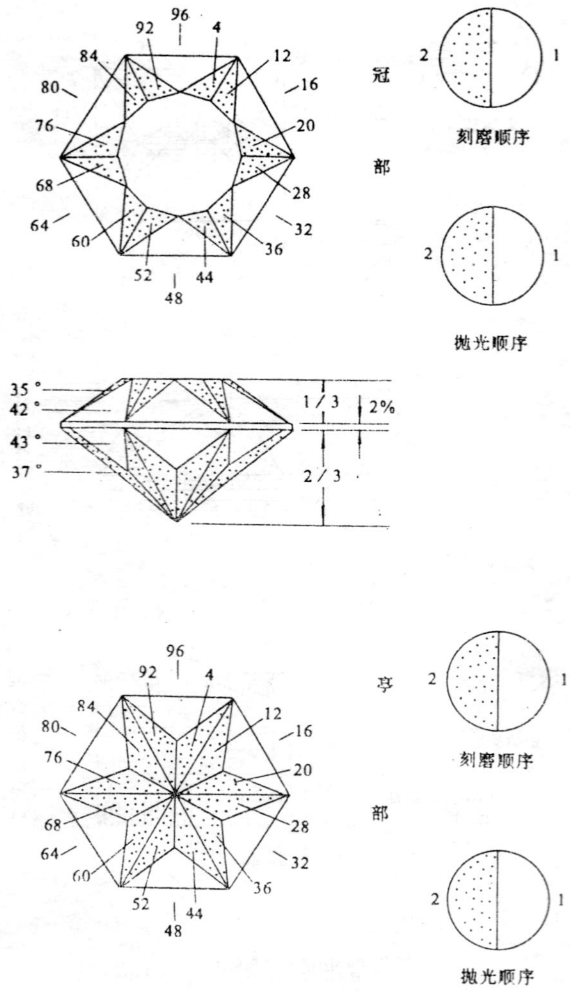

附图 16　剪刀式(水晶角度)

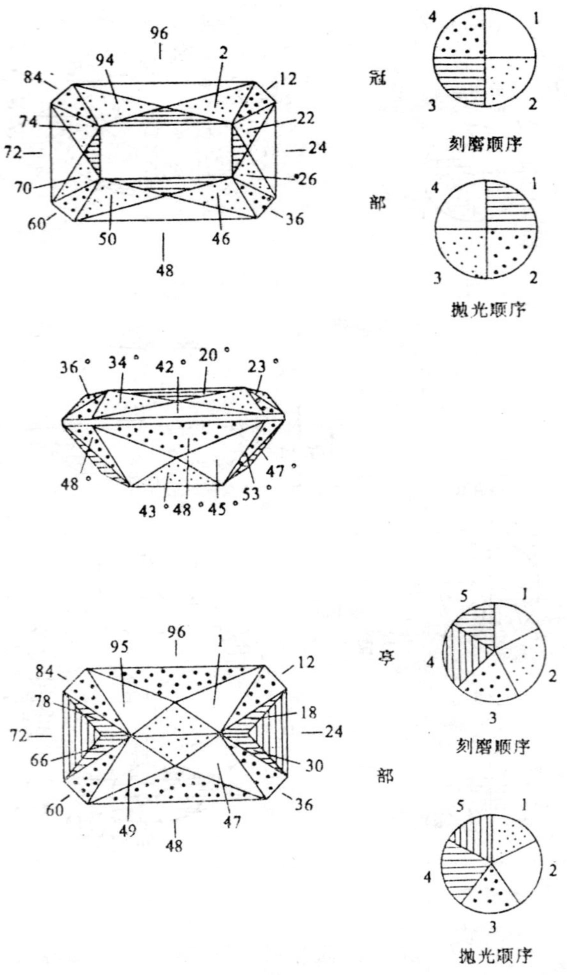